# VOLVO 140 & 240
## SCHWEDENS KLASSIKER

Alessandro Rigatto

Motor
buch
Verlag

Einbandgestaltung: Luis dos Santos
unter Verwendung von Fotos aus dem Volvo-Archiv

Die Bilder in diesem Buch stammen, wenn nicht anders vermerkt,
aus dem Volvo-Archiv und dem Archiv des Autors



ISBN 978-3-613-04316-9



1. Auflage 2020

Sie finden uns im Internet unter WWW.MOTORBUCH-VERLAG.DE



Innengestaltung: Lukas Kretzschmar, tebitron gmbh, Gerlingen
Druck und Bindung: DZS Grafik, d.o.o., 1210 Ljubljana-Sentvid
Printed in Slovenia

# Inhalt

# Vorwort

Der Volvo 140, vor allem aber die späteren Modelle der 200er Serie waren zu ihrer Zeit nicht einfach nur Statussymbole; sie standen für die Marke Volvo, führten den schwedischen Traditionshersteller in eine neue Ära des Automobilbaus und machten ihn weltweit bekannter. Die Weiterentwicklung des Amazon (Baureihe 120) zum 140er markierte einen großen Fortschritt – vor allem beim Design. Die 200er Serie war noch einmal etwas anderes, denn mit der zwei- oder viertürigen Limousine und dem Kombi konnte Volvo gleich in mehreren entscheidenden Bereichen punkten: Qualität, Sicherheit und Komfort.

Die 200er Limousinen verkauften sich weltweit erfolgreich aufgrund ihrer Robustheit, Geräumigkeit, ihres Komforts, ihrer Straßenlage, Fertigungsqualität und Sicherheitsausstattung. Sie sind heute noch gesucht und werden für ihre guten Eigenschaften geschätzt. Auch in der Oberen Mittelklasse (Volvo 262/264) erwies sich die Baureihe als kluge Alternative zu den Luxusmodellen von Mercedes oder Jaguar. Die Volvos waren robuster, sicherer, preiswerter – einfach intelligenter. Die Kombis der Baureihe 200 hatten ihre eigene Erfolgsgeschichte: Sie wurden in den USA und Europa zu Statussymbolen, weil sie den Kombi neu erfanden: als Freizeit-Auto statt als nüchternes Arbeitstier. Der Vierzylinder Volvo 245 und der raffiniertere, leistungsstärkere Sechszylinder Volvo 265 waren als hervorragend konstruierte, bequeme und sichere Fahrzeuge (zusammen mit dem 240 Turbo) die perfekten Autos für die aufstrebende US-Mittelschicht von San Francisco bis Boston und für die jungen Berufstätigen in Mailand, Paris, Frankfurt, Wien, Genf oder Zürich. Selbst in Hollywood-Filmen lieferten die 200er Kombis noch lange das Zeitkolorit für Familiengeschichten, deren Szenen in den 1970er oder 1980er Jahren spielten. Die letzten 240 SW verließen 1993 das schwedische Stammwerk in Torslanda.

**↗ Der Sechszylinder Kombi 265 ermöglichte es Volvo, die Marktnische für Luxus-Kombis zu besetzen. Dieser Wagen ist ein Baujahr 1979 und hat einen Frontspoiler.**

Ich persönlich liebe den Volvo 245 und 265, seit ich meinen Führerschein gemacht habe. Mein erster Chef, der Miteigentümer einer Fotoagentur in Mailand, die im Automobilbereich tätig war, besaß einen 245 D6 Lieferwagen in Bordeauxrot mit den Leichtmetallfelgen eines späteren 760ers. Mit diesem Auto reiste ich viel umher und habe auch während einiger Veranstaltungen der Rallye Sanremo darin geschlafen. Das erste Auto, das ich dann 1989 von meinem eigenen Geld kaufte, war ein weißer 245 DL von 1978, ein Siebensitzer mit Viergang-Schaltgetriebe. Er hatte mit seinen elf Jahren etwa 180.000 Kilometer auf der Uhr und funktionierte sehr gut, bis ich ihn täglich fuhr. Ich erinnere mich, dass die Eltern der jungen Frauen, mit denen ich ausging, erleichtert waren, wenn ich in einem soliden, sicheren Schwedenmobil vorfuhr statt in einem VW Golf GTI oder in einem Fiat Uno Turbo. Wenn ein junger Mann unter 25 schon einen Kombi fuhr, dann musste er doch ernsthafte Absichten hegen.

Als professioneller Auto-Journalist fuhr ich den Wagen immer seltener, parkte ihn jahrelang in der Garage eines meiner Kunden und erfuhr erst später, dass er von dort gestohlen worden war. Eine Geschäftsreise nach Schweden brachte mich schließlich darauf, noch einmal ein ähnliches Auto zu suchen. 2011 fand ich schließlich über das Internet einen hellblauen 245 DL von 1979, Automatik, Fünfsitzer, in Norwegen in der Nähe von Oslo. Ich unterschrieb den Kaufvertrag am 11.11.2011; es war ein Freitag, und einen Monat später stand das Auto in meiner Garage in den Schweizer Alpen.

Die 200er Serie wurde schließlich von den stilvollen 700ern und dem leistugsstärkeren, frontgetriebenen 850er abgelöst. Doch keines der genannten Modelle sollte derart in die Automobilgeschichte eingehen wie die 200er, obwohl der 850 T5 SW die doppelte Leistung eines 245 hatte und einige Veranstaltungen in der britischen Tourenwagen-Meisterschaft gewann. Doch wirklichen Kult-Status erlangten nur die 200er Kombis. Nur einige sehr gut erhaltene 140er erzielen noch höhere Preise auf dem Sammlermarkt.

Als Volvo in den 1970er Jahren anfing, den 245 an die Kunden auszuliefern, war er ein sehr gutes Auto, nicht mehr und nicht weniger. Doch dann gelangte er in die richtigen Hände und wurde das Mode-Auto auf den Titelseiten von »Town & Country« in den USA oder der »Vogue« in Europa. Ein Kombi, der nicht mehr nur den Handwerker und dessen Ausrüstung transportierte, sondern auch den sportlichen, wohlhabenden Mann, seine junge Frau, die wolgeratenen Kinder und ein paar gepflegte Hunde – im Winter mit vier Paar Stöckli-Skiern auf dem Dach. In den 1980ern gab die Baureihe 200 ihr Image als »sicher, aber bieder« auf: Der 240 Turbo, der in Europa in der Gruppe A der Tourenwagen-Meisterschaft Erfolge feierte, wurde bei den Fans der schwedischen Marke beliebt, die mehr Leistung wollten; er stand für Geschwindigkeit, Agilität und Fahrspaß. Und obwohl die meisten 200er heute noch fahren, also per se keine seltenen Autos sind, wenn auch selten in makellosem Zustand, ist ihr Marktwert gestiegen. Das gilt nicht nur für die Sechszylinder und Turbos, sondern auch für die limitierten Editionen wie den 242 GT, den 244 Anniversary oder den 245 GLT.

Zum Abschluss noch ein paar Worte über das von Bertone entworfene und gebaute Coupé 262 C: Es war das erste Modell der Baureihe 200, das aufgrund seiner limitierten Stückzahl und der hochwertigen Ausführung zum Sammlerobjekt wurde. Heute erzielen allerdings einige Limousinen und Kombis der Reihe unter Sammlern ähnlich hohe Preise.

**Die vorderen Dreipunkt-Sicherheitsgurte waren bei den 144 serienmäßig. Für das schwedische Unternehmen stand die Sicherheit stets im Mittelpunkt der Modellentwicklung.**

**Das von Bertone entworfene Coupé 262 C, abgelichtet auf einem Golfplatz: Der zweitürige Viersitzer mit Sechszylinder war eines der Volvo-Spitzenmodelle und zielte auf wohlhabende Kundschaft.**

# Der Weg zum Volvo 140 und 240

Der PV444 war der erste moderne Volvo. Hier ein Modelljahr 1956, das den neuen Kühlergrill zeigt.

Die Marke Volvo geht auf Assar Gabrielsson, Verkaufsleiter der SKF (Svenska Kugellagerfabriken), und den Ingenieur Gustaf Larson zurück, die kurz vor Weihnachten 1925 eine Absichtserklärung unterzeichneten, Autos bauen zu wollen. Dafür belebten sie die von SKF geschützte Wortmarke Volvo (lateinisch »Ich rolle«) wieder. Im Sommer 1926 war der erste Prototyp fahrbereit. Am 14. April 1927 verließ das erste Serienfahrzeug das Werk.
Wir erlauben uns einen großen Sprung, denn die Geschichte von Volvo als internationale Marke nahm ihren Anfang mit dem PV444 von 1944. Dessen Serienproduktion verzögerte sich allerdings, sodass erst 1947 die ersten Fahrzeuge ausgeliefert werden konnten. Der Wagen orientierte sich stark am Design der US-Modelle seiner Zeit. Es war der erste Volvo, der schon sehr früh auch außerhalb Schwedens bekannt wurde. Der Export in die USA begann im Herbst 1955.

Assar Gabrielsson flog selbst in die USA, um dort die geeignetsten Händler für die Vermarktung der kommenden Limousine Volvo P120 (Amazon) zu finden, die 1956 in Europa eingeführt wurde. Am besten verkaufte sich der PV444 in Kalifornien, Texas und rund um New York und Boston. Vom PV444 wurde im Juli 1953 der erste Kombi PV445 abgeleitet und im November desselben Jahres ein auf demselben Fahrgestell basierender Kleintransporter. Auf dem Fahrgestell des PV445 wurden auch einige Pickups und ein viersitziges Cabriolet gebaut sowie ein Kompaktwagen von Volvo do Brasil in Rio de Janeiro.

Der PV544, eine Weiterentwicklung des PV444, wurde im August 1958 vorgestellt: Er hatte eine breitere Windschutz- und Heckscheibe, einen veränderten Kühlergrill sowie neue, größere und komfortablere Vorder- und Rücksitze. Von Jahr zu Jahr weiterentwickelt, wurde er auch mit dem Sportmotor (90 PS) ausgestattet und gewann einige der härtesten Rallyes der Welt, zum Beispiel die Safari, die britische RAC, die finnische 1000-Seen-Rallye und die griechische Akropolis-Rallye

Der PV544 kam 1958 als Weiterentwicklung des PV444 auf den Markt; seine einteilige Windschutzscheibe ersetzte die vom Vorgängermodell übernommene geteilte Scheibe.

Ein zweifarbiger PV445, der erste von Volvo zwischen 1953 und 1960 produzierte Kombi. Danach folgte der weiterentwickelte P210, der bis 1969 ausgeliefert wurde.

mit berühmten Fahrern wie Tom Trana und Joginder Singh. Die Produktion endete am 20. Oktober 1965 nach rund 440.000 produzierten Einheiten (444 und 544).

Der Amazon (Serie 120) wurde 1956 vorgestellt und im Februar 1957 mit einem Preis von 12.600 SKR auf den Markt gebracht (im selben Jahr lag der PV544 L Standard bei 9.275 SKR). Als P122 (viertürige Limousine), P121 (zweitürige Limousine) und P221 (5-türiger Kombi) hatte er einige technische Komponenten mit dem PV444/544 gemeinsam, zum Beispiel die Motoren. Er war der erste Volvo, der mit Zweifarb-Lackierung angeboten wurde. Ab August 1958 war er serienmäßig mit Sicherheitsgurten vorn ausgestattet; im April 1959 wurde er in den USA auf der New Yorker Motor Show vorgestellt.

Auf den US-Markt zielten auch die in den 1960er und 70er Jahren eingeführten sportlichen Modelle, das P1800 Coupé (1961) und der dreitürige »Schneewittchensarg« P1800 ES (1971). Beide wurden von den italienischen Design-Schmieden Frua und Fissore gestaltet. Der P1800 wurde bis März 1963 beim britischen Hersteller Jensen montiert; später wurde die

Die Amazon-Baureihe wurde von 1961 bis 1970 produziert (zweitürige Limousine), während der Kombi P221 von 1962 bis 1969 gebaut wurde.

↗ **Den 1800er gab es als zweitüriges Coupé und als dreitürigen Sport-Kombi bzw. Shooting Brake 1800 ES mit der gläsernen Heckklappe (»Schneewittchensarg«).**

Produktion in das Volvo-Werk in Lundby verlagert, wodurch sich die Qualität verbesserte.

Die Serie 140 wurde der Presse im August 1966 vorgestellt. Mit diesem Modell wurde eine neue Nomenklatur eingeführt: 1 steht für die Serie, 4 für die Anzahl der Zylinder und 2, 4 oder 5 für die Anzahl der Türen. Die vielleicht wichtigste Neuheit war die Zweikreisbremsanlage, die auch bei Ausfall eines Kreises noch 80 Prozent der Bremsleistung lieferte. Die Produktion begann mit dem Volvo 144, ausgestattet mit dem 1,8-Liter-Motor des Amazon. 1969 wurde die Sechszylinder-Limousine 164 vorgestellt.

Das VESC (Volvo Experimental Safety Vehicle) brachte Volvo vom 140er zur 200er Serie – ein weit

↗ **Das Modell 144 des Baujahrs 1973 hat größere Blinker und schmale Stoßfänger mit Gummischutz. Der schwarze Kunststoffgrill sollte bis zum Produktionsende bleiben.**

Die erste Generation der 240er-Familie in der Nähe eines Polospielfeldes: von links ein 244 DL mit quadratischen Scheinwerfern für den US- und nordeuropäischen Markt, ein 244 GL mit Frontspoiler und rechteckigen Scheinwerfern sowie ein 245 GL.

größerer Schritt als eine bloße Weiterentwicklung des Vorgängermodells, auch wenn einige Karosserieteile gleich blieben. Die Fahrzeuge der neuen Baureihe wurden als zwei- und viertürige Limousine und als Kombi angeboten, außerdem als Coupé mit Karosserie von Bertone (262). Es gab Vier-, Fünf- und Sechszylindermotoren, Benziner und Diesel mit 4-, 5- und 6-Zylinder-Motoren, Benzin und Diesel (von Volkswagen). 2,6 Millionen Einheiten wurden gebaut, davon fast eine Million Kombis.

Seine typische Frontpartie mit runden, quadratischen oder rechteckigen Scheinwerfern, je nach Modell, Motor und Version, wird zu einem Markenzeichen von Volvo werden. Der schwedische Autohersteller, der bereits führend auf dem Waggonmarkt ist, hat dieses Karosseriekonzept von der Idee eines Mittelklasse-Vans zu einem Lifestyle- und Luxus-Familienauto umgestellt, beginnend mit der Serie 240, dank der hohen Qualität und den Spitzenmotoren, dem 6-Zylinder-Saugmotor (265) und dem 4-Zylinder-Turbomotor (245 Turbo). Der 240 SW beendete seine Karriere 1993, nach 19 erfolgreichen Jahren.

Das Werk Göteborg in den sechziger Jahren: der Zweitürer und der P210-Kombi der Baureihe Amazon in der Lackieranlage.

# Die Baureihe 140 im Überblick

Als der Volvo 144 (viertürige Limousine) am 17. August 1966 der Presse vorgestellt wurde, läutete der schwedische Hersteller in seiner Produktpalette offiziell eine neue Zeit ein. Ein moderneres Design, erhöhte Sicherheit und ein verbessertes Fahrgestell gingen allerdings einher mit einer konservativen Wahl bei Motoren und Getrieben. Der erste 144 hatte den bereits beim Amazon eingesetzten B18-Motor, einen Reihenvierzylinder mit Vergaser. Die 140er Reihe trat mit einer Länge von 464 cm in der Mittelklasse an als Alternative zu Peugeot 404, Opel Rekord, Ford 20/26M, Rover P5, Lancia Flavia und Mercedes-Benz 200 (Strich-Acht). Komplett war die Palette der 140er Baureihe schließlich mit der zweitürigen Limousine (142, ab Juni 1967) und dem fünftürigen Kombi (145, ab März 1968).

Die Reihe erfuhr ab dem Modelljahr 1969 eine Weiterentwicklung mit den Zwei-Liter-Motoren, auch mit Kraftstoffeinspritzung, Automatikgetriebe sowie mit luxuriöseren Ausstattungsvarianten. Der 142 S startete erfolgreich als Rallye-Auto, pilotiert von Motorsportlegenden wie den »fliegenden Finnen«

**Verglichen mit dem Vorgänger, dem zehn Jahre älteren Amazon, ist der 144 optisch ein echter Generationswechsel und führt das kastenförmige Volvo-Design ein.**

**Die Türgriffe der ersten 144er waren nicht versenkt. Sie hatten einen großen, metallenen Kühlergrill.**

Typisch schwarz-weiße schwedische Polizei-Lackierung mit schwarzen Türen, Dach, Motorhaube und Kofferraumdeckel.

Der 144 hatte im Modelljahr 1973 schon die großen Blinker und den neuen Kühlgrill, aber noch die schmale Stoßstange.

Hannu Mikkola und Markku Alen, vor allem bei nordeuropäischen Veranstaltungen wie der 1000-Seen-, der RAC- und der Schweden-Rallye.

In Skandinavien wurden der 144 und der 145 auch als Polizeiwagen und Taxis mit werksseitigen Sonderausstattungen eingesetzt. Eine luxuriöse viertürige Limousine mit langem Radstand und Reihensechszylinder mit drei Litern Hubraum wurde 1968 eingeführt – der Volvo 164. Er teilte sich den größten Teil der Karosserie mit den 144ern; die Frontpartie war hingegen völlig neu gestaltet und hatte einen großen, verchromten, vertikalen Kühlergrill.

Die Karosserien der Baureihe wurden regelmäßig überarbeitet, hauptsächlich um die amerikanischen Sicherheitsvorschriften zu erfüllen. Aus diesem Grund wurden auch die vorderen und hinteren Stoßfänger verstärkt und mit breiten Gummiprofilen ergänzt, ähnlich denen, die ab 1974 bei den 200ern verbaut wurden, während die 140er Serie nach 1.251.371 produzierten Einheiten auslief. Die Baureihe 200 wurde allerdings als Weiterentwicklung der 140er eingeführt und nicht etwa als völlig neues Modell gefeiert.

**Reich und Schön mit Volvo 142 (nordamerikanische Spezifikation) vor dem berühmten Hotel Negresco in Nizza, Coté d'Azur, bei Nacht.**

**Der 145 in seiner letzten Version (Modelljahr 1974): US-Stoßstangen für die ganze Welt, größere Blinker und einteilige vordere Seitenscheiben.**

# Volvo 144/142/145 (1966–1974)

Ein roter 142er im belgischen Gent, wo Volvo 1965 mit der Produktion begann. Es war das erste Volvo-Werk, das außerhalb Schwedens gebaut wurde.

Fast vierhundert Journalisten waren am 17. August 1966 im Stadtteil Lorensberg im Herzen von Göteborg versammelt. Dort sollte sich der Vorhang für drei Vorserienmodelle des neuen Volvo 144 heben. Gerüchte über das neue Modell waren schon seit Jahren im Umlauf. Was die Presse nun zu sehen bekam, war ein nüchternes, modernes Auto. Parallel zur Enthüllung in Göteborg wurde das neue Modell auch in Oslo, Kopenhagen und Helsinki vorgestellt.

Die in Göteborg vorgeführten Fahrzeuge waren am Vorabend, versteckt in großen Holzkisten, mit einem Kran auf das Gelände geschafft worden. Natürlich sollte alles so diskret wie möglich ablaufen. Doch das erwies sich als schwierig, weil eine groß angelegte Fahndung nach zwei Polizistenmördern im Gange war. Ein landesweiter Alarm war ausgelöst worden, und während die Holzkisten in die Veranstaltungsräume gehoben wurden, erhielt die Polizei einen Hinweis, dass sich die beiden Flüchtigen unter das Publikum eines benachbarten Kinos gemischt haben sollten, das daraufhin evakuiert werden musste.

Als der neue Volvo 144 im August 1966 der Presse vorgestellt wurde, konnte noch niemand ahnen, dass dieses Auto – einschließlich der Nachfolge-Baureihe 200 – 27 Jahre lang produziert werden würde. So lange sollte es dauern, bis schließlich der letzte 240 Polar das schwedische Werk in Torslanda verließ. Und obwohl der technische Fortschritt vom Amazon zum 140er weit größer war als der nächste Schritt zur Baureihe 200, sollte letztere den größeren Erfolg haben.

Die erste Generation des 144: Der B18 1,8-Liter-Längsmotor lieferte 75 PS.

Die erste Generation des 144 mit 1,8-Liter-Motor – mit schmaler Stoßstange und seitlichen Blinkern; der große Metall-Kühlergrill fasst die Scheinwerfer, und das Volvo-Logo prangt auf der Motorhaube.

Während der Retromobile 2015 in Paris zeigte Volvo France einen 122 S Amazon zusammen mit einem seltenen 142 Europa.

Die Europa-Ausstattung war ein Sondermodell für den französischen Markt.

Das Projekt für den Volvo 140 nahm seinen Anfang im Juni 1960. Erst hieß er P660, später 1400, schließlich 140, und hatte mehrere grundlegende Merkmale: Der Radstand sollte wie bei den Vorgängern PV544 und Amazon 260 cm betragen, die vordere und hintere Spur 135 cm breit sein, und Front- und Heckscheibe den jeweils gleichen Neigungswinkel aufweisen. Das Modell sollte als vier- und zweitürige Limousine sowie fünftüriger Kombi herauskommen. Zudem war eine Luxusversion mit Sechszylinder-Motor vorgesehen. Die Form der Frontpartie sollte sich am Amazon orientieren, aber deutlich moderner sein; und im Innenraum sollte der Neue mehr Platz bieten.

Der erste Entwurf des damaligen Volvo-Chefkonstrukteurs Jan Wilsgaard stellte jedoch weder ihn selbst noch das Management zufrieden. Das Volvo Design Centre lieferte einen alternativen Entwurf, 21 cm länger und etwas breiter. Das Design war moderner und wurde dem ersten vorgezogen, auch wenn Jan Wilsgaard die Größe reduzieren musste, um die Proportionen des ersten Entwurfs zu erhalten.

Das endgültige Design-Mock-up wurde Anfang 1964 genehmigt. Wenige Wochen später wurde über den Kombi beraten. Bei diesem lag das Hauptproblem in der Form der hinteren Türen: Jan Wilsgaard zog es vor, die der Limousine beizubehalten, um Kosten zu sparen. Auch das Heck des Kombis sorgte für Diskussionen, da die Idee einer nach hinten geneigten C-Säule mit Panorama-Heckscheibe verworfen wurde.

Einige getarnte Prototypen wurden 1965 fotografiert, aber niemand konnte ahnen, dass es sich um Volvo-Fahrzeuge handelte, denn die Autos waren als »Mazuo ZT92« gekennzeichnet und erweckten den Eindruck, japanische Limousinen zu sein. Den letzten Schliff bekam die neue Volvo-Limousine durch ihr schlichteres Heck ohne die typischen, amerikanisch anmutenden Flossen. So wurde der 144 zum ersten kastenförmigen Volvo, der innen wie außen nur noch wenige Spuren der Amazon-Modelle aufwies, wie etwa die überarbeitete Version des geteilten Kühlergrills. Wie der Amazon hatten der 142, 144 und 145 vertikale Rückleuchten, die im Verkehr gut zu erkennen waren.

**Moderne Architektur und Nachbarn aus der Mittelschicht mit Kind und Hund: So präsentierte Volvo den 144 und den Kombi 145, beide Modelljahr 1972.**

Die zweite Generation des 144 vor typisch südschwedischer Kulisse.

Das gleiche beim Familien-Picknick: Die zweite Generation bekam einen schwarzen Kunststoffgrill und versenkte Türgriffe.

Ein Zweitürer 142 und ein Viertürer 144 an einem kleinen skandinavischen Hafen. Beide Autos gehören zur zweiten Generation der 140er Serie.

088584

Die dritte Generation der 140er Serie (hier ein 144 GL) hat den neuen Frontgrill und die größeren Blinker sowie eine reichhaltige Ausstattung.

Volvo führte einige schöne Farben für die 140er Reihe ein, die bei jedem Wetter gut zu sehen waren, hier ein 144er, Modelljahr 1973, in Orange.

Auch in Gelb leuchtete der 144 förmlich im Dunkeln, hier ein Fahrzeug der dritten Generation.

Mehreren Quellen zufolge beliefen sich die Investitionen in die Entwicklung schließlich auf 150 Millionen SKR.

Als der Volvo 144 im August 1966 der Presse vorgestellt wurde, war auch die dreistellige Nomenklatur eine Neuheit: 1 gab die Modellreihe an, 4 die Anzahl der Zylinder und 4 die Anzahl der Türen. Die neue Limousine war mit zwei verschiedenen Motoren erhältlich, die aus den Vorgängermodellen stammten: dem B18A aus dem Amazon-Basismodell P121 (85 PS) mit einem Zenith-Stromberg-Vergaser und dem B18B (115 PS) mit zwei S.U.-Vergasern. Letzterer war bereits im Coupé P1800 und in der zweitürigen Limousine 123 GT zum Einsatz gekommen und wurde nun im 144 S verbaut.

Der 144 wurde entwickelt, um die US-Sicherheitsvorschriften zu erfüllen, und von Jahr zu Jahr weiterentwickelt, um die Sicherheit sogar noch zu erhöhen. Er verfügte über große Knautschzonen an Vorder- und Hinterachse sowie eine zweigeteilte, klappbare Lenksäule und ein Sicherheitslenkrad. Das Armaturenbrett

**Die letzte Generation des 144 GL (Grand Luxe) in Metallic-Gold, mit großen Blinkern, breiter Stoßstange und 2-Liter-Motor mit Bosch Einspritzanlage und 124 PS.**

↗ Blick auf die Technik der letzten (vierten) Generation des 144 mit Hinterradantrieb und Längsmotor.

↗ Letzte Generation des 144 DL (De Luxe) mit großen Rückleuchten und schönen Chromdetails.

war weich gepolstert und kein Schalter an gefährlicher Stelle angebracht. Viele Ausstattungsmerkmale hatte der neue Volvo noch mit den Amazon-Modellen gemeinsam, die bis 1970 verkauft wurden. Auch beim Antriebsstrang stammten viele Komponenten vom Vorgänger. Daneben gab es aber auch mechanische Neuerungen, zum Beispiel Scheibenbremsen an allen vier Rädern mit einer Zweikreisbremsanlage in LL-Aufteilung. Dabei versorgte je ein Kreis beide Räder der Vorder- und ein Rad der Hinterachse. Die Scheibenbremsen vorn hatten doppelte Bremskolben, die unabhängig angesteuert wurden. So standen bei Ausfall eines Kreises noch 80 Prozent der Bremsleistung zur Verfügung, da weiterhin beide Vorderräder und ein Hinterrad gebremst wurden. Bremskraftregler sollten zudem ein Blockieren der Bremsen verhindern, ebenfalls eine technische Lösung, die erstmals von Volvo eingesetzt wurde. Der Wendekreis wurde auf 9,25 Meter verringert; eine Eigenschaft, welche die Fahrer – auch später bei der 200er Reihe – zu schätzen wussten, insbesondere auf kurvigen Straßen und beim Einparken. Der 144er wurde 1966 von der schwedischen Zeitschrift »Teknikens Varld« zum Auto des Jahres gewählt und erhielt dank seiner

**Offizielles Pressefoto des allerersten 144 mit Metall-Grill in voller Breite und dem Volvo-Logo auf der Haube.**

Die 140er Serie war auch bei Frauen beliebt. Man beachte den gut platzierten, integrierten Tankdeckel.

Offizielles Schwarz-Weiß-Pressefoto der ersten Generation des 144.

Ein Familienauto, das auch von jungen Leuten geliebt wurde: Der 144 (hier die dritte Generation) war ein Auto für alle.

MLB 802

Sicherheitsausstattung mehrere Auszeichnungen: Tatsächlich wurde die 140er Reihe in ihrer Karriere serienmäßig mit verstellbaren Kopfstützen, Dreipunkt-Automatik-Sicherheitsgurten und Gurt-Warnleuchte ausgestattet.

Im Juni des Modelljahrs 1967 begann die Produktion der zweitürigen Limousine 142 –rechtzeitig, um im ersten Jahr 1500 Einheiten zu bauen. Sie war 40 kg leichter als der 144 S und 700 SKR günstiger. Der 144 war von Anfang an beliebt, sodass die Kunden sieben bis acht Monate auf ihr neues Auto warten mussten. Etwa 40 Prozent der viertürigen Limousinen waren 144 S, die restlichen 144er wurden von einem B18A-Motor angetrieben. Im Herbst 1967 wurde neben dem 142 S der 142 mit 85 PS eingeführt. Im März 1968 begann die Produktion des fünftürigen Volvo 145 Kombis, der die drei Karosserievarianten der Baureihe 140 vervollständigte. Verglichen mit dem P221, der auf der Amazon-Plattform basierte, hatte der neue Kombi ein kastenförmiges Heck mit einer einteiligen Heckklappe sowie einer neuen, komfortableren Hinterradaufhängung. Hinter der C-Säule folgten zwei Seitenfenster, von denen sich das jeweils hintere öffnen ließ. Der 145 war der erste moderne Kombi von Volvo: Obwohl die Nutzlast geringer war als beim Amazon (430 kg gegenüber 490 kg), lag das Ladevolumen bei mehr als zwei Kubikmetern, und das bei einem modernen Äußeren, das nach heutigen Begriffen eher an eine Utility-Limousine als an einen Minivan erinnerte.

Ein 144 der ersten Generation fährt auf der Promenade des Anglais in Nizza an der Côte d'Azur in Südfrankreich. Die 140er Serie wurde erfolgreich in die ganze Welt exportiert.

Die Basisausstattung für den 142er mit Kunstleder-Bezügen.

Das Armaturenbrett der letzten Generation mit Sicherheitslenkrad.

Ein 2-Liter 142 S auf einer schneebedeckten Straße in den französischen Alpen – mit Schneeketten auf den Sommerreifen.

↗ Schwarz-Weiß-Foto eines 142 (US-Version) in den Hügeln nahe Nizza.

Aus technischer Sicht wurden die 140er gleich weiterentwickelt: Für das Modelljahr 1969 vergrößerte Volvo den Motor vom B18 zum 2-Liter-B20 (1986 ccm), der 82 DIN PS lieferte, und ersetzte den Generator durch eine modernere Lichtmaschine. Im selben Jahr führte der Hersteller auch die Hochdach-Variante 145 Express und die Reihensechszylinder-Großraumlimousine 164 ein. Die 140er Serie wurde 1968 zum Bestseller in Schweden. Zuvor hatte Volvo bereits einen neuen Verkaufsrekord in den USA mit 3318 ausgelieferten Fahrzeugen im Jahr 1967 aufgestellt. Das 144 Taxi mit werksseitiger Sonderausstattung debütierte 1968. Es war als erster Volvo ab Werk als Taxi konzipiert. Die vorherigen PV444/544 waren zu klein, und der Amazon bot nicht genug Platz für einen solchen Einsatz. In einigen europäischen Ländern war die

**Winterfoto eines 142 S (mit Winterreifen) im Schnee eines skandinavischen Hafens.**

mittlere Ausstattungsvariante auf dem Heck mit »Europa« gekennzeichnet, und das mit dem 2-Liter-Motor ausgestattete Auto zeigte ein »B20«-Logo auf dem Kühlergrill.

1970 wurde ein neues Lüftungssystem eingeführt mit Öffnungen am Heck (unter der Heckscheibe beim 142 und 144 sowie unter Lüftergittern neben der rechten Rückleuchte beim 145). Elektrisch beheizbare Heckscheiben kamen hinzu. Das geteilte hintere Seitenfenster des 145 wurde zu einem einzigen, das sich nun nicht mehr öffnen ließ. Ein Heckwischer mit Scheibenwaschanlage ergänzte die Serienausstattung, ebenso vordere Kopfstützen. Dreipunkt-Sicherheitsgurte wurden auch für die Rücksitze eingeführt.

Mit dem Jahr 1971 kam die erste größere Überarbeitung des Designs; dazu gehörten ein schwarzer Kühlergrill mit der typischen Volvo-Diagonallinie sowie neue Räder. Außerdem wurde der B20E-Motor eingeführt: Es handelte sich um eine Hochverdichtungsversion des B20 mit elektronischer Bosch D-Jetronic-Kraftstoffeinspritzung und einer Leistung von 90 DIN PS. Die Fahrzeuge erhielten die Bezeichnung E (für das deutsche Wort »Einspritzung«) oder GL (»Grand Luxe«) für die gehobenere Ausstattung. Eine Konsole auf dem Getriebetunnel mit einer Uhr war nun Standard. Neben der Basis-Ausstattung führte Volvo die Versionen DL (»De Luxe«) und die oben erwähnte GL ein, welche sich in der Serienausstattung und bei den Extras unterschieden.

**Die erste Generation des Kombis 145 mit geteilten hinteren Seitenfenstern und Volvo-Logo auf der Motorhaube.**

**Ein Export-Modell des 145 im Wald. Die große Bodenfreiheit ermöglichte es den Volvos jener Tage, auch auf Schotterpisten oder Schneeflächen problemlos voranzukommen.**

Die Design-Änderungen wurden 1972 fortgesetzt mit der Einführung versenkter Türgriffe sowie eines leicht überarbeiteten Armaturenbretts mit Holzimitatverkleidung, neu gestalteten Schaltern und einem kleinen Mittelpaneel mit Uhr. Der Getriebetunnel wurde vom 164 übernommen ebenso wie der Kurzschalthebel; Automatik-Fahrzeuge bekamen einen t-förmigen Wählhebel. Die äußeren Rücksitze hatten nun Befestigungspunkte für versenkbare Sicherheitsgurte. Ein Motor mit Kraftstoffeinspritzung und niedriger Kompression, der B20F, wurde für die USA und mehrere Exportmärkte eingeführt.

1973 erhielt die Baureihe 140 ein umfassendes Facelift mit einem neuen Kunststoff-Kühlergrill, größeren Blinkergläsern und einem weitgehend

Typisch für die Kombis der 1960er Jahre: ein Seitenspiegel nur an der Beifahrerseite.

überarbeiteten Heck. Außerdem fiel die Bezeichnung »S« weg. Die Baureihe hatte drei Ausstattungsvarianten: Standard (ohne Bezeichnung, auch bekannt als L oder »Luxe«), »De Luxe«, und die gehobene Variante »Grand Luxe«. Im Innenraum gab es ein völlig neu gestaltetes, gepolstertes Armaturenbrett mit neuem Instrument, das statt des Bandtachos runde Anzeigen aufwies. Kippschalter ersetzen die Zugschalter mit Ausnahme des Scheinwerfer-Schalters. Neue Lüfter lenkten den Luftstrom zu den Personen; die Lüfter-Öffnungen für die Frontscheibe und den Fußraum wurden vergrößert. Das neue Armaturenbrett

**Ein Kombi der ersten 145-Generation in schwedischer Land-Idylle.**

Ein 145 der zweiten Generation in blassem Hellblau mit einer schwedischen Familie vor einem skandinavischen Ferienhaus.

Eine schöner 145 (zweite Generation) in Hellblau. Die zweite Generation ist an einem schwarzen Kunststoff-Grill (mit Volvo-Logo) und den einteiligen hinteren Seitenscheiben zu erkennen.

145er Taxis: Der schwedische Großraum-Kombi war wegen seiner Ladekapazität beliebt.

wurde später in seiner Grundform mit nur geringfügigen Änderungen für die 200er übernommen.

Im Jahr 1974 wurden die B20E/F-Motoren von der Bosch D-Jetronic auf das mechanische Kraftstoffeinspritzsystem K-Jetronic umgestellt. Außerdem wurden mehrere Sicherheitsänderungen eingeführt, darunter ein Kraftstofftank in der Nähe der Hinterachse für einen besseren Schutz bei Auffahrunfällen. Die drei Karosserievarianten wurden alle noch einmal umgestaltet, wobei sie größere, weiter vorstehende Stoßfänger bekamen, um Zusammenstöße bei niedrigen Geschwindigkeiten ohne Schäden an der Karosserie

↗ **Wenn die Rückbank umgeklappt ist, erreicht der 145 ein Ladevolumen von zwei Kubikmetern. Die meisten Einkaufswünsche bei Ikea können erfüllt werden.**

Ein 145 (dritte Generation) in Ocra-Gelb mit den typischen, größeren Blinkern.

Seitenansicht des 145: Die Größe der inzwischen einteiligen hinteren Seitenfenster passt zum Trend der amerikanischen Kombis jener Zeit.

↗ Ein 145er der dritten Generation: Der Volvo Kombi war ein gutes Zugfahrzeug für Segelboot-Besitzer.

Ein 145 der letzten Generation vor einer Gärtnerei: Die Volvo Kombis eignen sich für nahezu jedes Hobby.

VOLVO
VOLVO

Ein vollausgestatteter 145 der vierten und letzten Generation mit Scheinwerferwischern.

aufzufangen. Zudem gab es Scheibenwischer für die Scheinwerfer. Die kleinen vorderen Ausstellfenster fielen aufgrund der verbesserten Belüftung im Innenraum weg. Und unterhalb der Seitenfenster wurden eloxierte Aluminium-Zierstreifen angebracht.

Als die Produktion der 142, 144 und 145 im Sommer 1974 auslief, waren 1.251.371 Autos vom Band gelaufen, im Einzelnen 412.986 zweitürige Limousinen, 523.808 viertürige Limousinen und 268.317 Kombis. Aus der Baureihe 140 entwickelte sich 1974 die Baureihe 200 für das Modelljahr 1975. Das Modell 164 wurde in bestimmten Märkten ein weiteres Jahr fortgeführt. Die Modellreihe wurde zu Volvos erstem Millionen-Auto und trug dazu bei, die internationale Bedeutung des Herstellers weiter auszubauen. Das Vermächtnis der 140er reicht jedoch noch weiter – bis ins Jahr 1993. Ihr Nachfolger, der Volvo 240, nahm viele Anleihen bei den Fahrgestellen der 140er und wurde mit rund 2,8 Millionen Fahrzeugen innerhalb von 19 Jahren zum meistproduzierten Volvo-Modell. Damit waren aus Jan Wilsgaards erstem Projekt mehr als vier Millionen Autos entstanden.

Mit oder ohne Scheibenwischer für die Scheinwerfer? Für das nordeuropäische Klima ist eine perfekte Sicht auch bei Nacht ein Plus an Sicherheit.

Ein 145 der ersten Generation, der mit typischer End-1960er-Lackierung als Taxi zum Einsatz kam.

Die 140er Serie wurde meist als viertürige Limousine für den Dienst als Taxi eingesetzt.

Mottagning 4
ROX 238

Ein dunkelblaues Taxi der dritten 145-Generation mit weißen Vorhängen für die mittleren und hinteren Seitenfenster, eine Option für die Privatsphäre.

# Volvo 145 DL

Dieser Volvo 145 DL (»De Luxe«) ist einer der letzten, der noch mit dem vollverchromten Kühlrergrill ausgeliefert wurde – vor der Umstellung auf den schwarzen Grill mit schräglaufender Querstrebe. Er hat aber bereits eine einteilige hintere Seitenscheibe und versenkte Türgriffe. An den vorderen Seitenscheiben sind noch die kleinen Ausstellfenster zu sehen, die erst ab 1974 wegfielen, kurz vor der Einführung der 200er.

Dieser in die Schweiz ausgelieferte 145er zeigt sich mit seinen fast 50 Jahren nahezu neuwertig, ohne Anzeichen von Rost und mit einer perfekt gepflegten Innenausstattung, einschließlich der originalen, kunstlederbezogenen Vordersitze (mit verstellbaren Kopfstützen), Rücksitzbank, Türverkleidungen und des Armaturenbretts – ohne Risse, die ein bekanntes Problem der Serien 140 und 200 waren.
Der Kilometerzähler im Bandtacho zeigt rund 91.000 km. Schwer zu sagen, ob es nicht auch 191.000 km oder mehr sind, denn Volvo hatte erst ab er 200er Baureihe sechsstellige Kilometerzähler.

Für besondere Authentizität fährt dieser 100 PS starke 145 De Luxe mit Einfach-Vergaser auf »Retro-Reifen«. Die Vredestein Sprint Classic werden von der österreichischen Firma nach dem Vorbild von Reifen aus den 1960er und 70er Jahren, einschließlich weißer Seitenwandblenden, die für Luxus und Klasse stehen.

Dieser 145 De Luxe ist vielleicht einer der weltweit am besten erhaltenen und gepflegten 140er und steht in der Schweiz für 19.500 CHF zum Verkauf (Stand August 2020).

Der 145 ist heute ein Oldtimer für Kenner. Hier ist ein Auto, das in der Schweiz zum Verkauf steht, in nahezu perfektem Zustand, einschließlich der Weißwandreifen.

Lenkrad mit großem Durchmesser (der 145 hatte keine Servolenkung) und Bandtacho für die ersten beiden Generationen des 145.

Die einteiligen hinteren Seitenscheiben zeigen, dass es sich um einen 145 der zweiten Generation handelt. Dieser Kombi ist mit einem 4-Gang-Schaltgetriebe ausgestattet.

Einfach, effizient, robust: Der 2-Liter-Vierzylinder-Motor der 140er läuft mehr als 500.000 Kilometer.

Gut gepflegte Kunstleder-Bezüge, die ein halbes Jahrhundert überlebt haben. Volvos sind dafür gemacht, ewig zu halten.

Weiß ist eine typische, weithin geschätzte Farbe für den 145 und alle Volvo Kombis.

# Volvo 145 Express

↗ Der 145 Express ist ein Lieferwagen, der mit einem höheren Dach ausgestattet ist, um einen professionellen Transport zu ermöglichen. Hier ist ein Auto, das einem Volvo-Oldtimer-Club gehört.

Von 1969 bis 1974 baute Volvo einen »Express« genannten 145 Hochdachkombi als Ersatz für den von 1953 bis 1970 produzierten P210 Duett. Ab der Windschutzscheibe war das Dach um 51 mm angehoben, von der B-Säule an um 22,7 cm (Fahrzeughöhe damit insgesamt 1677 mm). Die Ausführung als Krankenwagen hatte ein durchgehend erhöhtes Dach. Der Express war in drei Konfigurationen erhältlich: als Standard-Kombi (Vollverglasung, fünf Sitze mit der Option auf zwei zusätzliche, nach hinten gerichtete, selten als Taxi und Schulbus genutzt), als

↗ Der Express wurde dank seiner hinteren Sitze in der dritten Reihe auch als »Schulbus« eingesetzt.

↗ Natürlich konnte der 145 Express auch von Privatpersonen bestellt werden, die mehr Platz benötigten, als der zwei Kubikmeter große Laderaum des Basis-Modells bot.

Das große Ladevolumen des 145 brachte Volvo auf die Idee, einen Rettungswagen mit einem über die gesamte Fahrzeuglänge erhöhten Dach anzubieten (anstelle des hinteren Hochdachs des 145 Express).

vollverglaster Kastenwagen sowie als Kastenwagen ohne Heck- und hintere Seitenscheiben (jeweils Zweisitzer). Seine Heckklappe bestand aus glasverstärktem Kunststoff. Die drei Konfigurationen beinhalteten auch einen Gepäckträger über der Kabine. Der Zweisitzer war 40 kg leichter als der Fünfsitzer.

Der 145 Express schuf einen Nischenmarkt, und mehrere Karosseriebauer bauten in der zweiten Hälfte der 1970er Jahre ähnliche Versionen des 245, als Volvo den 245 Transfer mit langem Radstand anbot. Der 145 Express wurde wie die weiteren 140er Modelle überarbeitet und bekam 1971 und 1973 einen neuen Kühlergrill, während die Motoren vom ersten 1,8-Liter-Motor auf den 2-Liter-Motor mit 82 PS aufgerüstet und die Stoßstangen vergrößert wurden, um den seit 1973 üblichen, gummibesetzten US-Stoßfängern zu entsprechen. Die Gesamtproduktion des 145 Express betrug etwa 4000 Einheiten.

Anfang der 1970er Jahre: Der 145 Express war der bevorzugte Kombi für Wartungs- und Service-Techniker.

Ein 145-Express-Taxi mit weißen Seitenvorhängen für die hinteren Fahrgäste.

TAXI

# Volvo 164 & 164 E

**Das Modelljahr 1972 mit serienmäßigen Doppelscheinwerfern, vertikalem Kühlergrill und versenkten Türgriffen.**

Lange Zeit plante Volvo ein Luxusmodell auf Basis der 140er-Plattform, das mit einem V8-Motor ausgestattet werden sollte: ein Spitzenmodell, das auf dem US-Markt als Ersatz für die 800er-Serie (meist als Taxi oder V.I.P.-Auto eingesetzt) gefordert wurde, die 1958 auslief.

**Der erste Tag der Produktion des 164 im Herbst 1968: Der große, vertikale Metallgrill trägt das runde Volvo-Logo. Daneben gibt es zwei seitliche Lüftungsöffnungen.**

Im Jahr 1958 begann das Projekt 358. Es hatte eine Plattform mit 285 cm Radstand, einen 3,6-Liter-V8-Motor und etwa 140 PS sowie eine elegante und klassische, von Jan Wilsgaard gestaltete Karosserie. Es sollte mit Scheibenbremsen vorne, Frontantrieb, Lenkradschaltung und Luftfederung ausgestattet sein. Im Innenraum war eine Trennwand zwischen dem Fahrer und den hinteren Sitzen vorgesehen – für den Einsatz als Fahrzeug für die Chefetage.
Im Jahr 1959 wurde das Projekt auf einen Reihensechszylinder mit einem Hubraum zwischen 2,7 und 3 Litern umgestellt.

Der Zeitplan sah die Serienproduktion ab Mitte der 1960er Jahre vor, aber die Marktbedingungen änderten sich schnell in den wichtigsten Exportländern, z. B. den USA, Dänemark, der Schweiz und auch in Schweden. Dort waren große Autos nicht mehr so gefragt. Das Fahrzeug bekam kleinere Dimensionen – nicht länger als fünf Meter und auf der Basis einer gemeinsamen Plattform, um Produktionskosten zu sparen.

Ein japanischer Katalog des 164 E: Die Farbpalette ist breiter, als man erwarten könnte, und enthält leuchtende Farben.

Da die 140er Serie bereits in den Plänen von Volvo enthalten war, war die einfachste Lösung ein Ableger der viertürigen Limousine 144 mit langem Radstand. Der Stil war eine Mischung aus dem ursprünglichen Projekt 358 (besonders bei der Frontpartie) und der neuen 140er Limousine.

Die neue schwedische Limousine der Oberen Mittelklasse mit der Bezeichnung 164 (Serie 1, Sechszylinder-Motor, vier Türen) benötigte aufgrund des Reihensechszylinders mehr Platz im Motorraum als der 144. Daher wurde der Abstand zwischen Windschutzscheibe und Vorderachse um zehn Zentimeter gestreckt, von 260 auf 270 cm, während die Größe des Innenraums gleich blieb.

Der B30-Reihensechszylinder entstand als Weiterentwicklung des 2-Liter-Reihenvierzylinders B20, der für die Modelle 142/144/145 entwickelt worden war. Die Kolben waren und weitere bewegliche Teile waren identisch; die beiden Vergaser wurden von S.U. geliefert, während die deutsche ZF das Viergang-Getriebe mit Lochhebelantrieb lieferte (optional waren Dreigang-Automatik und Overdrive). Die Höchstgeschwindigkeit betrug 170 km/h dank des 130 PS starken Sechszylinder-Motors mit 2978 ccm.

Ein 164 der ersten Generation, der dem Volvo-Museum in Göteborg gehört. Der Bandtacho, die nicht-versenkten Türgriffe und die senkrechten Rückleuchten sind typisch für den 164 von 1968 bis 1970 mit 130 PS, Vergaser und 3-Liter-Sechszylindermotor. Luxuriöse Ausstattungsdetails sind das Armaturenbrett aus Holz und die Ledersitze.

Der erste Volvo 164 läuft 1968 in Göteborg vom Band. Im Laufe seiner Bauzeit werden sich einige Details ändern.

64
VOLVO

Der Preis war erschwinglich: 25.500 SKR. In Schweden kostete der vergleichbare Mercedes-Benz 250 29.500 SKR und der Volvo 144 S 20.550 SKR.

Im Juli 1969 schrieb die amerikanische Automobilzeitschrift »Car & Driver« über den neuen 164er: »Die Volvo-Leute versuchen, Käufer aus den Ausstellungsräumen von Buick, Oldsmobile und Mercedes wegzulocken, und genau das gelingt ihnen auch. Die neuen Volvo-Kunden sind Profis – Ärzte, Anwälte, Zahnärzte... Menschen, die sich etwas anderes leisten können.« Und in einer Anzeige in US-Magazinen geschalteten Anzeige hieß es: »Das Luxusauto, das zeigt, dass Sie mehr als nur Geld haben. «

Während der Produktionszeit von Herbst 1968 bis 1975 wurde der 164 mehrfach überarbeitet.1969 wurden die Lederausstattung, die Kopfstützen und die vier runden Frontscheinwerfer serienmäßig. Ab 1970 kamen auch die Servolenkung und eine Uhr im Armaturenbrett

Der 164 E mit seinem 160 PS starken 3-Liter-Sechszylinder-Motor. Er hat eine breite Stoßstange (wie die US-Modelle), einen kleineren Kühlergrill und versenkte Türgriffe.

Metallic-Blau ist eine der begehrtesten Lackierungen beim 164 E. Die vorderen Seitenfenster haben keine Windabweiser.

Vollleder, höhenverstellbare Kopfstützen, Vordersitze mit Unterstützung für die Lendenwirbel, Sicherheitsgurte vorn und hinten, eine Rücksitzbank mit ausklappbarer Armlehne – das sind einige der luxuriösen Ausstattungsmerkmale des 164 E.

zur Serienausstattung hinzu. Der Radstand wurde um zwei Zentimeter verlängert und größere Räder sowie ein verbessertes Kühlsystem kamen hinzu.

Im Herbst 1971 wurde das Modelljahr 1972 mit dem neuen B30E Reihen-Sechszylinder mit elektronischer Einspritzung eingeführt (160 DIN PS). Die Höchstgeschwindigkeit stieg auf 175 km/h. Diese Hochleistungsversion erhielt die Bezeichnung 164 E. Ein neuer vorderer Stoßfänger ersetzte den kleineren vorherigen. Hinzu kamen ein neu gestalteter Kühlergrill und breitere horizontale Rückleuchten.

1974 wurden größere vordere und hintere Stoßfänger für die weltweite Produktion eingeführt, die sich im Wesentlichen nach den US-Vorschriften richteten. Die Produktionszeit des 164/164 E endete 1974 nach 155.068 Einheiten. Er war weltweit ein großer Erfolg, und in Schweden erreichte er den Verkaufsrekord unter den Sechszylinder-Autos.

Ein modifizierter 164 mit kurzem Radstand wurde vom italienischen Karosseriebauer Coggiola zu einem Luxus-Coupé umgebaut, was zum späteren 262 C führte. Denn der nächste Sechszylinder-Volvo sollte bald kommen: ein in der Herstellung kostengünstigeres Luxusauto, basierend auf der gemeinsamen Plattform der 200er-Serie und dem ebenfalls gemeinsamen PRV-V6-Motor.

Der 164 war das erste moderne Luxusauto von Volvo seit dem Zweiten Weltkrieg.

↗ Ein 164, Modelljahr 1973, mit versenkten Türgriffen, Nebelscheinwerfern, kleinerem Chromgrill und »europäischen« Stoßfängern.

# Die inoffiziellen Volvo 165

Ein von der 164 abgeleiteter Luxuskombi? »Nein, danke«, sagte man im Volvo-Hauptquartier. Die Volvo-Kombis wie der Duett und der P221 Amazon oder der frühe 145er waren große, sichere und intelligente Autos, aber weit davon entfernt, als luxuriös zu gelten. Nach dem Zweiten Weltkrieg gab es bis zur Geburtsstunde des Sechszylinders 164 keine Luxusautos von Volvo. Angesichts des Kombi-Absatzes in den USA konnte man auf den Gedanken

**Ein (inoffizieller) 165 ist noch nicht groß genug? Dann baut man eben einen 165 Transfer auf dem 264 TE-Fahrgestell mit langem Radstand.**

**In Australien wurde dieser Luxus-Kombi auf 164-Basis gebaut, bzw. ein 164 mit einem 145 »verheiratet«.**

kommen, dass ein 164, besser gesagt ein 165, als erster Luxus-Kombi mit Sechszylinder aus dem Hause Volvo Erfolg haben könnte. Während sich in Schweden niemand um die Idee kümmerte, interessierte sich am anderen Ende der Welt sehr wohl jemand dafür.

In Australien begann der Volvo-Import offiziell 1967 und 1971. Wie Don Andreina auf der Website Curbside Classic berichtet, schloss Volvo Australien eine Vereinbarung mit Motor Producers (im Besitz der Volkswagen AG), um Volvo-Modelle in deren Werk in Clayton (Bundesstaat Victoria) zu montieren – neben VW, Datsun und dem einen oder anderen Mercedes-Benz Lastwagen. 1976 ging das Werk in den Besitz von Nissan Australia über, und Volvo produzierte dort weiterhin Fahrzeuge, beginnend mit der Reihe 140/160 über die Reihe 240/260 bis hin zur Reihe 740/760.

Die Entstehungsgeschichte des ersten 165 beginnt damit, dass der Geschäftsführer von Volvo Australien den Ingenieur John Ousey in sein Büro rief. Am Ende hatte Ousey den Auftrag, einen 165er Kombi für den persönlichen Gebrauch des Geschäftsführers zu bauen. Es gab jedoch ein Problem: Es exisitierte bis dahin kein 165. Die Limousine 164 war das Flaggschiff der Volvo-Produktpalette oberhalb der Vierzylinder 142/144/145. Und eine Kombi-Variante (ein Fünftürer) mit dem Sechszylinder-Motor – der Nomenklatur nach ein 165 – war überhaupt nicht vorgesehen.

Die Lösung? Man nehme zwei komplett zerlegte (CKD) Bausätze, einen 145 und eine 164 Limousine, und verheirate sie. Beide Karosserien hatten ab der A-Säule den gleichen Aufbau, aber die Front des 164 hatte zehn Zentimeter längere Chassis-Profile, um den größeren Motor aufzunehmen. Für den Bau eines 165 war die Verheiratung zweier Bausätze also die praktischste Lösung.

**Volvo "165" nr två**

*Polarvagnen i Dorotea har byggt de här två fordonen. Dragbilen är en Volvo 165 — så vitt Ratten vet den andra i Sverige — och husvagnen Polarvagnens nya 6-meters vagn, som börjar säljas i höst.*

Der schwedische Karosseriebauer Nilsson, der heute Krankenwagen auf XC90-Basis fertigt, baute diesen roten 165 in den 1970er Jahren.

Der 165 lief im Februar 1972 in Clayton vom Band, lackiert in Kansas-Rot (alias Nissan-Orange) mit schwarzem Lederinterieur, B30A-Motor mit zwei Stromberg-Vergasern, M41-Schaltgetriebe mit Overdrive, Klimaanlage und Servolenkung. Er hatte seine eigene 165er Fahrzeug-Identifikationsnummer. Es gibt sogar ein Fertigungsprotokoll von Volvo Australia, das die Herkunft des Fahrzeugs bestätigt.

Dann tauchte ein weiteres Problem auf. Die Zentrale in Schweden wollte nach einer Prüfung wissen, wo sich der fehlende CKD-Kit befand. Die Antwort von Volvo Australia war möglicherweise sehr findig: Die beiden Bausätze seien verwendet worden, um einen 165 Kombi-Prototyp zu bauen und die Möglichkeit eines Exports in die USA zu prüfen im Gegenzug für steigende Import-Zahlen nach Australien. Doch die australische Regierung habe die Idee abgelehnt. Diese unterhaltsame Geschichte stammt nicht aus John Ouseys Bericht, sondern aus dem Buch »Volvo Down Under«. Ob sie wahr ist oder nicht bleibt unbestätigt.

Ist dies also der einzige in einem Werk gefertigte Volvo 165 der Welt? Nun, ja und nein. Volvo Australien baute noch einen weiteren Kombi aus zwei beim Transport beschädigten Autos. Obwohl dieses Fahrzeug 165-Typenschilder hat, ist es laut seiner VIN-Nummer ein 164. Es gibt zudem Gerüchte, dass ein weiterer 165er in Südafrika oder Südamerika gebaut wurde, aber auch für die Existenz dieses Fahrzeugs gibt es keine dokumentierten Belege.

Volvo selbst soll seinerzeit in Schweden einige inoffizielle Kombis der Serie 160 gebaut haben, die jedoch anschließend zerstört wurden. Es gibt außerdem einen 165 mit verlängertem Radstand, der angeblich für eine Volvo-Führungskraft angefertigt wurde. Dieser siebensitzige Kombi basiert offenbar auf einem Fahrzeug von Volvo Special Vehicles, das für Flughafentransfers konzipiert wurde.

Natürlich gab es noch weitere Sonderanfertigungen: Das Beispiel von 1972 in diesem Buch wurde von dem schwedischen Oldtimer-Journalisten Fredrik Nyblad ausfindig gemacht und gekauft. Ursprünglich von Yngve Nilssons Karosserifabrik aus Laholm in Schweden hergestellt, verfügt es über ein Schiebedach, Dachreling, Tankdeckelklappe, maßgefertigte rostfreie Zierteile, schwarze Lederausstattung und Jaeger-Instrumente. Es gibt auch Behauptungen, dass der britische Volvo-Importeur Lex Brooklands drei oder fünf 165er aus Fahrzeugen mit Wasserschäden gebaut hat. Und ein kurzer Blick ins Internet offenbart weitere »hausgemachte« Fahrzeuge.

# Die Baureihe 200 im Überblick

**Die allererste 245-Generation, hier ein DL des Modelljahres 1976: Die »Backstein-Ära« hat begonnen.**

Brandneues Modell oder massive Überarbeitung? In der Nähe eines 144 geparkt, konnte der 244 diese Frage aufwerfen. Gleiche Türen und Kofferraumdeckel, gleiche Rückleuchten, gleicher B20A 2-Liter-Motor, gleicher Radstand, gleiche Front- und Heckscheibe. Zwar hatte der 13 cm längere Nachfolger der Baureihe 140 eine neue Frontpartie mit von der Konzeptstudie VESC inspirierten Scheinwerfern und großen, markanten Stoßfängern, doch die meisten technischen Neuerungen befanden sich unter der Haube und im Innenraum. Eine neue McPherson-Vorderradaufhängung, neue 14-Zoll-Stahlräder, eine neue Zahnstangenlenkung waren die wichtigsten technischen Neuerungen, während das neue Armaturenbrett und die neuen Sitze mit den charakteristischen Gitterkopfstützen zu den Neuerungen im Innenraum gehörten.

Die 200er Serie war der Presse im August 1974 nur als viertürige Limousine 244 GL vorgestellt worden, kam aber als erste Volvo-Reihe gleichzeitig in allen Varianten auf den Markt kam: als zwei- und viertürige Limousine und fünftüriger Kombi. Alle waren mit Vierzylinder-Motoren erhältlich. Der Sechszylinder debütierte zur gleichen Zeit als viertürige Limousine 264. Der erste Luxus-Kombi, der 265, kam ein Jahr später zusammen mit der zweitürigen Limousine 262 auf den Markt, die nur in Nordamerika angeboten wurde.

Die 200er waren die erste Volvo-Baureihe mit Dieselmotoren (Fünf- und Sechszylinder, die im Wesentlichen von Volkswagen geliefert und von Volvo weiterentwickelt wurden) sowie mit Turbomotoren. (Die 240er der Turbogruppe A siegten 1985 in der Europäischen Tourenwagen-Meisterschaft mit den Fahrern Gianfranco

Der 264 TE mit langem Radstand war die offizielle Staatslimousine der DDR, wurde aber auch von einigen Privatunternehmen gefahren.

Brancatelli und Ulf Grandberg sowie in der DTM mit Per Stureson.) Damit wurde die als »sicher, aber bieder« geltende schwedische Marke für eine jüngere Zielgruppe interessant, vor allem dank des 240 Turbo SW, 1985 der schnellste Kombi der Welt (200 km/h). Und das Luxus-Coupé 262 C, von Bertone entworfen und teilweise in Italien gebaut, zeigte das Potenzial der Skandinavier, einen Klassiker zu schaffen.

Außerdem gab es einige Sonderanfertigungen ab Werk: das Taxi (auf Basis des 244) und der Krankenwagen (auf Basis des 245) waren nach Beratungen mit Fachleuten aus dem öffentlichen Verkehr und dem Rettungswesen entworfen worden. Andere Hersteller ließen solche Sonderfahrzeuge von speziellen Karosseriebauern herstellen.

Die kontinuierlich weiterentwickelte Baureihe 200 wurde in 2.862.573 Einheiten gebaut (Limousinen, Coupés und Kombis mit Vier- und Sechszylinder-Motoren) und hatte Bestand, bis sie 1993 von der 700er Serie beerbt wurde.

Auf dem Fahrgestell mit langem Radstand der 200er Serie hat Volvo einige Krankenwagen aufgebaut.

↗ Diese Grafik zeigt den Antriebsstrang der viertürigen Limousine und die Sicherheitslenksäule.

# Der Volvo VESC Prototyp

Um die Baureihe 140 auf dem neuesten Stand zu halten, begann Volvo bereits kurz nach ihrer Markteinführung im Jahr 1966 mit der Suche nach möglichen Verbesserungen. Aufgrund des wachsenden Interesses an sichereren Autos entwickelten die Schweden das Projekt 1560, das sich auf die Sicherheit der Insassen konzentrierte, was den Bau mehrerer Prototypen nach sich zog. Das Projekt 1560 wurde 1971 abgebrochen – teils wegen Unsicherheiten bezüglich künftiger Sicherheitsvorschriften, vor allem in den USA, – und analog zu den damaligen Experimental-Safety-Vehicle-Projekten (ESV) der US-Hersteller neu ausgerichtet. Mit einem V8-Motor sollte es deutlich größer als frühere Volvo-Modelle ausfallen. Zehn Prototypen waren vorgesehen, die je nach Karosserieform (viertürige Limousine, Kombi, fünftüriges Schrägheck) vom italienischen Karosseriebauer Coggiola hergestellt werden sollten. Einige Prototypen für ein neues Modell, das die 140er Serie ergänzen und den 164 ersetzen sollte, waren bereits gebaut. Auch dieses Projekt wurde beendet, aber ein Großteil der Entwürfe und bereits fertiggestellten Prototypen flossen in das

**Die Grundlage, auf der die 200er Serie entwickelt wurde, war das VESC-Sicherheitsfahrzeug, das 1972 gebaut wurde, um alle Sicherheitsinnovationen von Volvo in einem Fahrzeug zu vereinen.**

VESC-Projekt ein (Volvo Experimental Safety Car).

Die VESC-Studie wurde schließlich im März 1972 auf dem Genfer Autosalon präsentiert und zeigte eine weitreichende, innovative Sicherheitsausstattung für die Passagiere. Der 552 cm lange Kombi war so konstruiert, dass er einen Frontalaufprall mit 80 km/h überstehen konnte: Die vordere Knautschzone war besonders lang; bei einem Aufprall wurde der Motorblock durch eine entsprechend geformte und verstärkte Spritzwand unter den Kabinenboden gedrückt. Auch die hinteren Motorhalterungen waren so konstruiert, dass der Motor bei einem Frontalaufprall unter das Auto rutschen musste. Außerdem zog eine Feder die Lenksäule ins Armaturenbrett zurück. Was heute Standard

ist, waren damals Neuerungen, um schweren Verletzungen des Fahrers vorzubeugen. Die Rückseiten der Vordersitze waren zum Schutz der Fond-Passagiere gepolstert. Für einen Seitenaufprall gab es Verstärkungen und Knautschzonen in den Türen. Dank vergrößerter Stoßfänger konnte das VESC einen Aufprall mit 16 km/h ohne Karosserieschäden überstehen. Das Dach wurde durch einen integrierten Überrollkäfig verstärkt. Bei einem Sturz aus 2,40 m Höhe wurde es nicht mehr als 7,5 cm eingedrückt. Neben festen

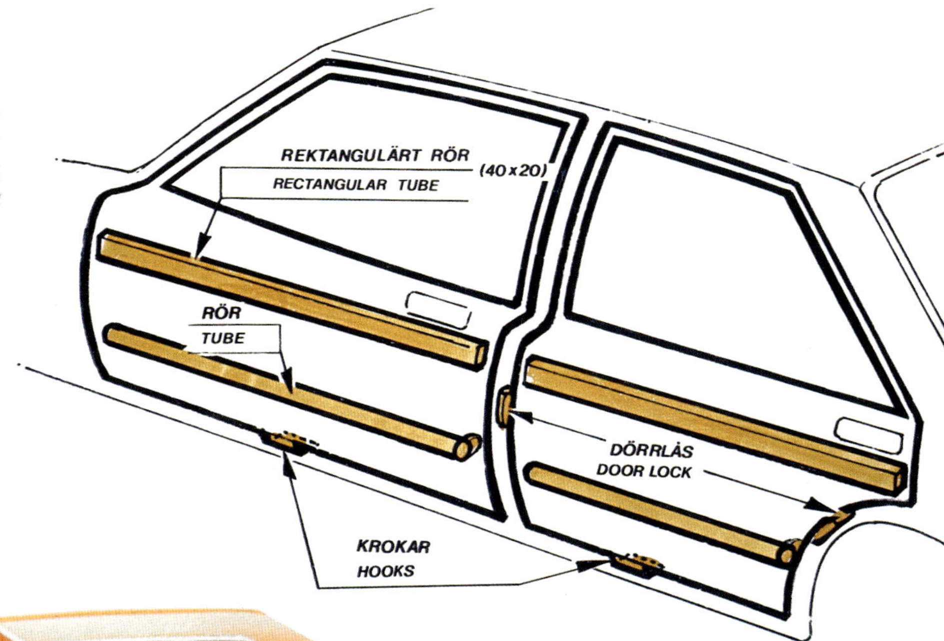


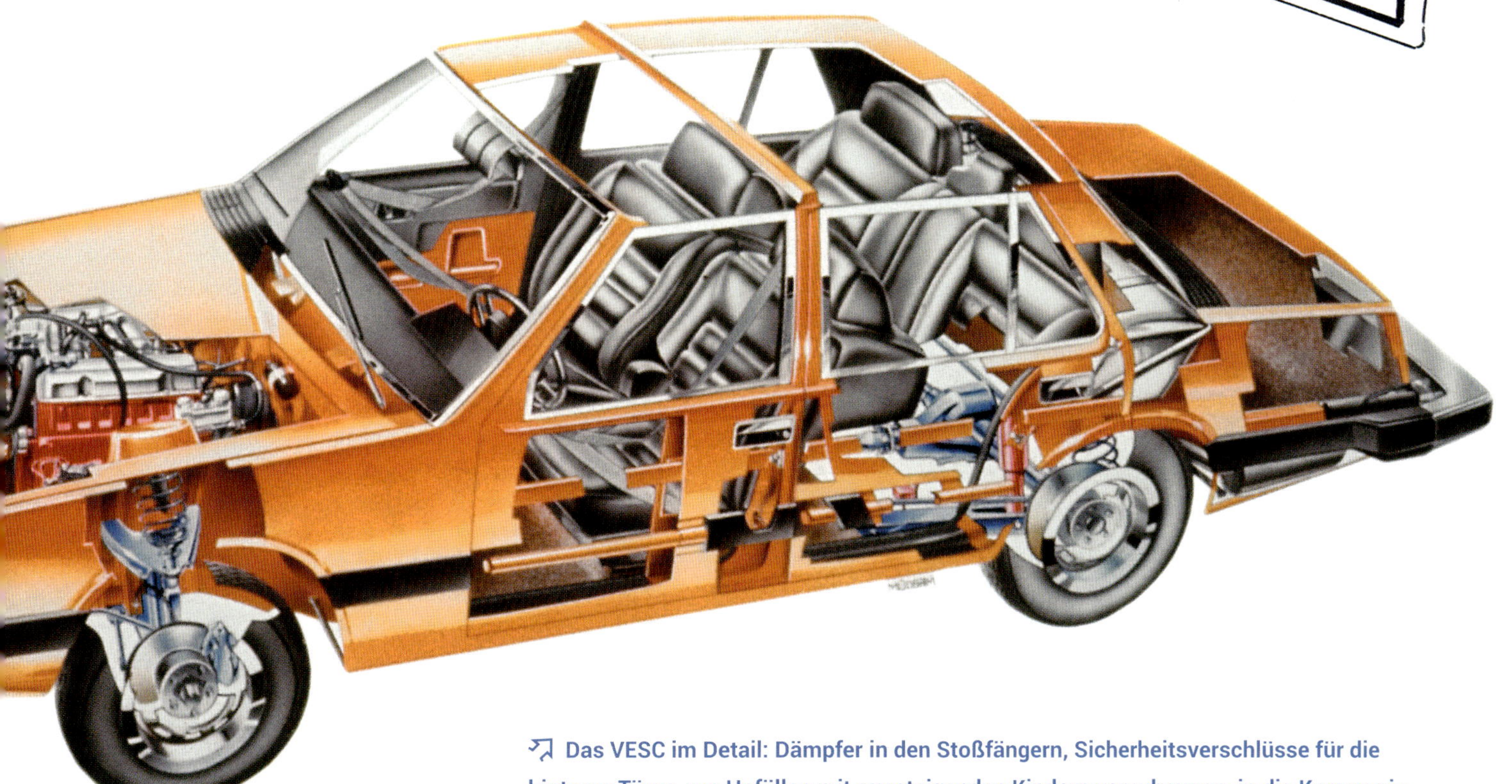

↗ Das VESC im Detail: Dämpfer in den Stoßfängern, Sicherheitsverschlüsse für die hinteren Türen, um Unfällen mit aussteigenden Kindern vorzubeugen, in die Karosserie integrierter Überrollbügel, Sicherheitskäfig zum Schutz von Fahrer und Insassen, Verstärkungen in den Türen, vorgesehene Knautschzonen an Front und Heck.

Kopfstützen im Fond waren die der vorderen Sitzreihe versenkt und fuhren im Falle eines Unfalls automatisch heraus.

Weitere Merkmale des VESC waren ein Antiblockiersystem (ABS), bei Motorstart automatisch anlegende, semi-passive Dreipunktgurte vorn sowie Sicherheitsgurte für die Fond-Sitze, Airbags vorn und hinten, Scheinwerfer und Rückleuchten mit Wischern und Waschanlage, eine automatische Fahrhöhenregelung, ein zentral verbauter Kraftstofftank, eine automatische Unterbrechung der Kraftstoffzufuhr bei Unfällen, Warnleuchten in den geöffneten Türen, ein Rückfahrwarnsignal und eine von Mitsubishi Electric bereitgestellte frühe Rückfahrkamera mit einem 6,5-mm-Cosmicar-Objektiv, das zwischen den Rückleuchten montiert war und das Bild auf auf einen Bildschirm in der Kabine übertrug.

Viele Elemente der Sicherheitsausstattung des VESC wurden schnell zum Standard in der Volvo-Palette und später in den meisten gehobenen Fahrzeugen dieser Zeit, bevor sie schließlich in allen europäischen und US-amerikanischen Pkw Pflicht wurden.

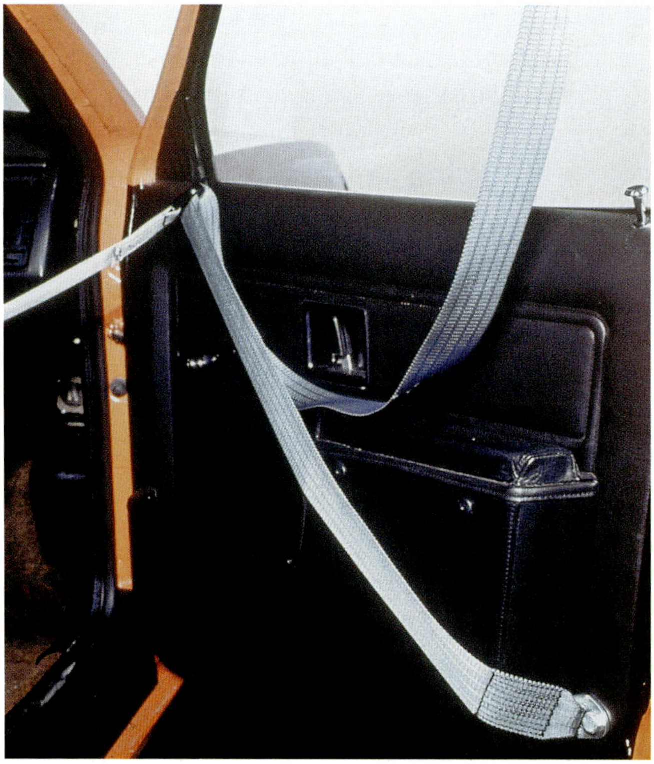

**Im VESC waren beim Motorstart automatisch anlegende, semi-passive Dreipunktgurte verbaut.**

**Für den nordeuropäischen Markt und für die Alpenregion wurden für vereiste Scheiben optimierte Wischer getestet.**

Das VESC diente auch als Testfahrzeug für andere technische Lösungen, zum Beispiel eine modifizierte Vorderradaufhängung. Darüber hinaus wurde der Vierzylinder-Motor mit Kraftstoffeinspritzung B20 weiterentwickelt, um die US-Abgasemissionsvorschriften von 1974 zu erfüllen. Mit der heute als EGR (Exhaust Gas Recirculation) bezeichneten Abgasrückführung und einem Katalysator kann das VESC-Konzept als Vorläufer des späteren Katalysators mit Lambdasonde von Volvo gelten, der bei seiner Einführung 1976 eine sensationelle Neuerung darstellte.

Der VESC-Prototyp beeinflusste die Fahrzeuge der folgenden Volvo-Generation stark, beginnend mit der Baureihe 240/260, die eine ähnliche Fron aufwies. Das VESC-Projekt zeigte deutlich die Entschlossenheit von Volvo, weiterhin die Agenda im Bereich der Fahrzeugsicherheit zu bestimmen. Die meisten technischen Lösungen, die im VESC integriert wurden, entsprachen den internen Volvo-Standards, die weitaus strenger waren als die heutige Gesetzgebung. Viele dieser Lösungen fanden auch ihren Weg in den Volvo 240, und noch mehr wurden nach und nach bei folgenden Volvo-Modellen eingeführt.

# Exkurs: Volvo und die Sicherheit

Der VESC-Prototyp war nur ein Meilenstein in der Fahrzeugsicherheit bei Volvo. Schon seit dem Zweiten Weltkrieg hatte der Hersteller begonnen, die Sicherheit seiner Fahrzeuge zu verbessern, indem die Ergebnisse konsequenter Unfalluntersuchungen in die Entwicklung einflossen. Überrollsichere Karosserien, Knautschzonen an Front und Heck, weiche Armaturenbretter, Kopfstützen, Sicherheitslenksäulen, Dreipunkt-Sicherheitsgurte und später Airbags wurden bei Volvo zur Serienausstattung.

Seit 1959 hatte Volvo begonnen, den PV544 und die Amazon-Modelle mit Dreipunkt-Sicherheitsgurten auszustatten. Hier abgebildet ist ein viertüriger 122.

## 1959: Dreipunkt-Sicherheitsgurt

Serienmäßig eingeführt wurde der patentierte Dreipunkt-Sicherheitsgurt im Jahr 1959 zuerst in den Modellen Volvo PV544 »Buckel-Volvo« und im Volvo P120 »Amazon«, die beide auch bereits über Befestigungspunkte für Sicherheitsgurte auf den Rücksitzen verfügten. Die einstige Weltneuheit ist heute Standard in nahezu allen Autos unabhängig von Marke und Fahrzeugklasse. Dadurch wurden weltweit laut Experten-Schätzungen mehr als eine Million Menschenleben gerettet.

## 1972: Rückwärts gerichteter Volvo Kindersitz

Bereits in den 1960er Jahren begann die Volvo Car Group mit Crashtests von Kindersitzen. 1972 führte Volvo als erster Automobilhersteller weltweit den rückwärtsgerichteten Kindersitz ein. Aus Sicherheitsgründen empfiehlt das Unternehmen bis heute, dass alle Kinder bis zum Alter von vier Jahren rückwärts im Fahrzeug sitzen sollten.

Rückwärts gerichtete Kindersitze sind eine Option im Volvo-Katalog, hier in einem 244 DL.

## 1978: Gurtkissen für Kinder

Kinder ab vier Jahren sollten in Fahrtrichtung auf einem Gurtkissen oder einer Sitzerhöhung unterwegs sein, die sie auf Höhe des Sicherheitsgurtes hebt. Dadurch können sie den Sicherheitsnutzen des Gurtes voll ausschöpfen. Dies war eine weitere Weltneuheit von Volvo.

Volvo führte bereits Dreipunkt-Sicherheitsgurte ein, als das Anschnallen von vielen noch als unnötiger Eingriff in die Freiheit betrachtet wurde.

## 1986: Dreipunkt-Sicherheitsgurt für den Mittelsitz auf der Rückbank

Wurde der Sicherheitsgurt einst als Beschneidung der persönlichen Freiheit angesehen, *ist* er heute als potenzieller Lebensretter ein akzeptiertes Sicherheitsfeature – auch auf der Rückbank.

Auch in späteren Jahren und bis heute hat Volvo den Fortschritt in der Fahrzeugsicherheit vorangetrieben. So wurde 1991 (unter anderem beim Volvo 850) das weltweit erste in die Karosserie integrierte Seitenaufprall-Schutzsystem (SIPS) eingeführt. Ab 1994 war der Volvo 850 zudem als erstes Auto mit Seiten-Airbags ausgestattet.

Auch heute, in Zeiten moderner Fahrassistenzsysteme, ist Volvo beim Thema Sicherheit international vorne mit dabei – ein Grund, warum das Kompakt-SUV XC40 den Preis als »Car of the Year 2018« gewinnen konnte. Künftig wird diese Entwicklung noch stärker in Richtung eines autonomen Fahrens gehen, bei dem Systeme des Fahrzeugs bei Unaufmerksamkeit und Fehlern des Fahrers eingreifen. Ab dem Modelljahr 2021 soll zudem die Höchstgeschwindigkeit aller Modelle auf 180 km/h beschränkt sein.

Ein rotes Licht in den Türen warnt andere Verkehrsteilnehmer vor einer offenstehenden Autotür, insbesondere nachts und bei schlechten Wetterbedingungen.

Der rote Warnblink-Knopf in der Mittelkonsole ist für Fahrer und Beifahrer gleichermaßen gut zu erreichen, für den Fall, dass der Fahrer bei einem Unfall verletzt wurde.

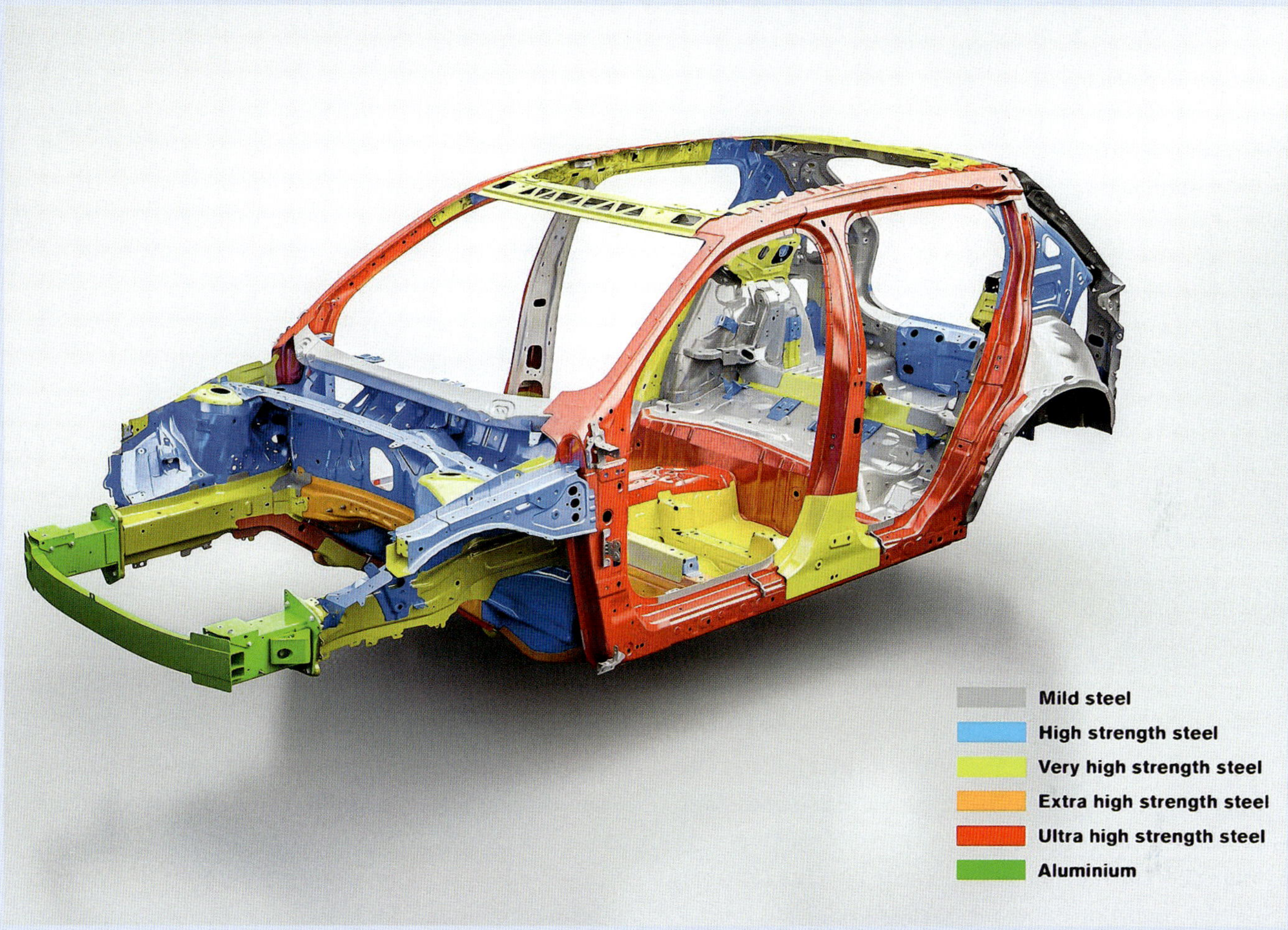


In allen neuen Volvo-Modellen wird Stahl mit verschiedenen Festigkeiten kombiniert, um die Sicherheit zu erhöhen, hier beim V40 von 2019.

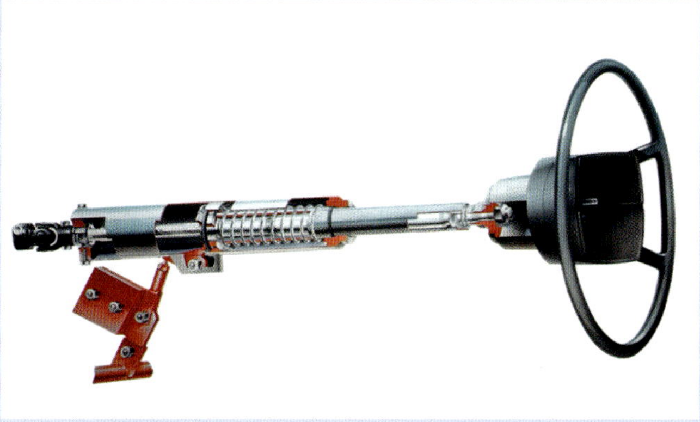

Die Sicherheitslenksäule vermeidet schwere Verletzungen des Oberkörpers im Fall eine Unfalls.

Der 850 war der erste Volvo-Kombi, der mit dem SIPS-Sicherheitssystem einschließlich Seitenairbags und Seitenaufprallschutz in den Türen ausgestattet wurde.

# Geschichte der Baureihe 200

Als Volvo am 21. August 1974 den Medien zum ersten Mal die neue 200er Serie vorstellte, war durchaus abzusehen, dass die Modellreihe Erfolg haben würde. Schließlich stellte die Baureihe (als 240er mit Vier- und 260er mit Sechszylinder-Motoren) die Weiterentwicklung der beliebten 140er dar. Niemand konnte allerdings ahnen, dass die 200er die längste Produktionsgeschichte einer Volvo-Baureihe hinlegen

**Die zweitürige Limousine 242 kam zusammen mit den Modellen 244 und 245, hier ein Fahrzeug der ersten Generation für den europäischen Markt in der Grundausstattung L.**

**Ein 244 GL der ersten Generation (mit vier runden Sealed-Beam-Scheinwerfern und großen Blinkern) an einem Strand in den USA.**

würden. Erst am 5. Mai 1993 sollte das letzte Fahrzeug, ein 240 Polar für den italienischen Markt, das Volvo-Stammwerk in Torslanda verlassen. Damit war die Reihe ein beispielloser Erfolg für Volvo; im Laufe von 19 Jahren wurden rund 2,8 Millionen Einheiten produziert.

Volvos 240er, vor allem die Kombis, erreichten hingegen schnell den Status eines Lifestyle-Artikels und hoben sich damit weit davon ab, einfach nur gute Autos zu sein. Der 245, der 240 SW, der 240 Turbo, der Polar und der 265 waren die Autos der Mittelschicht in Westeuropa und Nordamerika. Sie zielten auf erfolgreiche, junge Berufstätige mit sportlichem Lebensstil, einer Familie mit mehreren Kindern und obendrein vielleicht einem oder zwei größeren Hunden: Menschen, die einen Kombi suchten, der Stil und Komfort mit genügend Platz für Familie und Hobbies verband, und ein solches Auto bei anderen Herstellern nicht fanden. Diese Zielgruppe blieb dem 240er oft noch treu, als es schon längst neuere Volvo-Modelle wie den 740, 940 und 850 gab.

Ein 242 DL vor einem Tennisplatz in den USA. Die zweitürige Limousine hat eine Plakette am Kühlergrill, die auf eine Lambda-Sonde hinweist. Der Motor wurde den anspruchsvollen US-Schadstoffnormen angepasst.

Aber lassen Sie uns ins Jahr 1974 zurückkehren. Im Frühjahr gewann ABBA mit »Waterloo« den *Grand Prix Eurovision de la Chanson*, der 18-jährige Björn Borg schlug die Tennis-Elite, und Volvo präsentierte eines seiner wichtigsten Modelle überhaupt. Es war ein tolles Jahr für Schweden.

Am 21. August 1974 konnten Medienvertreter das neue Auto zum ersten Mal in Augenschein nehmen und fahren. Die Journalisten wurden mit einem gecharterten Flugzeug vom Volvo-Hauptsitz in Torslanda in die Kleinstadt Borlänge geflogen, wo eine Reihe viertüriger Limousinen vom Typ Volvo 244 GL auf sie wartete – Lackierung und Interieur der Fahrzeuge waren Ton in Ton in zeittypischem Orange gehalten.

Die 240er waren eine Weiterentwicklung der 140er, aber es hatte sich viel geändert. Das geänderte Design der Front war stark von der zwei Jahre zuvor präsentierten Konzeptstudie VESC inspiriert. Am auffälligsten waren die großen Stoßfänger; das Auto war insgesamt 13 cm länger als die 140er Reihe. Charakteristische, gitterartige Kopfstützen gehörten zu den Neuerungen im Innenraum.

Der neu entwickelte Reihenvierzylinder B21 (2127 ccm) hatte einen Alukopf mit obenliegender Nockenwelle und war in einer 97 PS starken Vergaserversion (für die DL-Ausführung) und einer 123 PS starken Einspritzversion (für den GL) erhältlich. Der 82-PS-Vergasermotor (1986 ccm) war für die L-Version vorgesehen. In einigen europäischen Märkten wurden auch der DL und GL mit einem B19A-Vergasermotor (97 PS, 1986 ccm) ausgeliefert. Das vordere Fahrgestell wurde neu entwickelt und mit McPherson-Federbeinen und Zahnstangenlenkung für eine bessere Straßenlage ausgestattet.

Die neue Baureihe debütierte in drei Karosserievarianten, die gleichzeitig auf den Markt kamen: als zweitürige Limousine (242), viertürige Limousine (244) und fünftüriger Kombi (245) in den drei Ausstattungsvarianten L (Luxe), DL (De Luxe) und GL (Grand Luxe), letztere mit dem 2,1-Liter-Einspritzer, der 123 PS lieferte, serienmäßig mit einem Viergang-Getriebe plus Overdrive, optional mit einem Dreigang-Automatikgetriebe. In den meisten Märkten wurden der 242 und 245 nur als L und DL geliefert. Der GL hatte rechteckige

**Ein 244 DL Taxi in einer schwedischen Stadt. Seit Mitte der 1970er Jahre hatten sie nicht mehr die zuvor typische gelb-blaue Lackierung.**

↗ Ein Paar auf dem Land in Skandinavien in einem 244 DL. Dieses Auto hat die für den lokalen Markt typische Ausstattung mit Wischern für die Scheinwerfer und seitlichen Positionsleuchten hinten.

Ein 244 DL der ersten Generation in der Nähe der Nordsee. Nur Fahrzeuge für die Märkte Nordeuropas hatten seitliche Positionsleuchten hinten, um an Kreuzungen besser gesehen zu werden.

Scheinwerfer, während sie beim L und DL rund waren. (In einigen skandinavischen Ländern und in Großbritannien waren sie beim DL quadratisch.)

Die L-Ausstattung war die einfachste mit Textil-Skai-Polsterung und Gummimatten. Die mittlere Variante DL hatte Textil-Polsterung, einen höhenverstellbaren Fahrersitz, eine dritte Reihe (als 7-Sitzer) und Mokett-Matten. Als GL gehörten Ledersitze und eine getönte Windschutzscheibe zur Serienausstattung, in einigen Märkten zudem ein Schiebedach, die GL-Plakette am Kühlergrill und ein beheizbarer Fahrersitz. DL und GL gab es optional auch in Metallic-Lackierung. Auch in der dritten Sitzreihe gab es Dreipunkt-Sicherheitsgurte. Der Kombi hatte zudem einen

Zwei deutsche Kataloge für die 200er Serie und eine Anzeigenseite, die in einer US- Zeitschrift veröffentlicht wurde. Die drei Dokumente sind mit 1975 datiert.

Ein 245 DL für den US-Markt, Modelljahr 1976. Volvo bot schöne Farben für die 200er Reihe an wie dieses Hellblau.

verstärkten Boden, der die Passagiere der dritten Reihe im Fall eines Auffahrunfalls schützte. Das Heck der Limousine war hingegen als Knautschzone ausgelegt.

Zwei Dinge waren grundsätzlich neu bei der Einführung der 240er: Zum ersten Mal löste eine neue Serie ihre Vorgänger direkt ab. (Der Duett war noch bis zum Erscheinen des P221 Amazon Kombi und des 145 weiter gebaut worden.) Und diesmal wurden alle Karosserie-Varianten zeitgleich eingeführt. (Beim 140er hatte noch der viertürige 144 den Vortritt, bevor die zweitürige Limousine und und der fünftürige Kombi folgten.) Der 245 holte übrigens den Weltrekord für den größten Laderaum: Bei umgeklappter Rückbank erreichte er 188 cm Länge und mehr als 2,15 Kubikmeter.

Werbung von 1976: Den deutschen Kunden werden die Vorzüge des günstigen 242 L angepriesen, während die US-Werbung sich an wohlhabende Individualisten richtet.

Ein skandinavischer 245 DL der ersten Generation mit zwei Jagdhunden im Kofferraum. Der Kombi der Baureihe 240 konnte mit einem soliden Netz hinter der Rückbank geliefert werden.

Diese schöne, dynamische Aufnahme zeigt einen 245 DL auf der Straße.

Im Oktober 1974 begann die Produktion des exklusiveren 264, der ursprünglich in zwei Versionen, DL (mit Mokett-Matten und Velours-Polsterung) und GL (mit Lederausstattung, Klimaanlage, getönter Windschutzscheibe, Metallic-Lackierung, Scheinwerferwischern) angeboten wurde. Der 264 hatte einen neuen 2,7-Liter-V6-Motor mit 140 PS. Der Motor mit der Bezeichnung B27 wurde im nordfranzösischen Douvrin gebaut und erhielt den Spitznamen PRV, denn er war das Ergebnis einer Partnerschaft zwischen Peugeot, Renault und Volvo. Ein Jahr nach dem Debüt der viertürigen Limousine 264 kam im August 1975 der fünftürige Kombi 265 auf den Markt, gefolgt von der zweitürigen Limousine 262 in den USA.

Die Autos für den nordamerikanischen Markt wurden von 1974 bis 1985 im kanadischen Werk Halifax gebaut. Für die asiatischen Märkte war das malaysische Werk in Shah Alam von 1983 bis 1993 an der Produktion beteiligt. Weitere namentlich genannte Volvo-Werke für die Montage befanden sich in Gent (Belgien), Kalmar (Schweden), Melbourne (Australien), Jurong (Singapur) und Samut Prakan (Thailand) und wurden nach und nach einbezogen.

Volvo-Fahrzeuge und vor allem die 200er-Serie wurden zu einer Referenz für das Engagement zur Reduzierung der Umweltverschmutzung. Eine Weltneuheit in Sachen Umweltschutz kam im Herbst 1976. Volvo lieferte erstmals Autos der 200er-Serie mit Drei-Wege-Katalysatoren und Lambdasonden nach Kalifornien. Damit zählte Volvo zu den Pionieren auf dem Gebiet der Abgasreinigung. 1977 gewann Volvo den *American National Environmental Industry Award* und 1978 wurde der 244 von der Luftreinhaltungsbehörde von Kalifornien als »sauberstes Auto der USA« ausgezeichnet.

Natürlich setzte die 200er Serie auch in Bezug auf die aktive, passive und dynamische Sicherheit Maßstäbe. In Großbritannien erhielt Volvo die *Don Safety Trophy* für seine Initiativen und Designs zur Förderung der Verkehrssicherheit, die über die gesetzlichen Anforderungen hinausgingen. Im Jahr 1976 wurde der Volvo 240 von der amerikanischen Verkehrssicherheitsbehörde NHTSA als Standard für die weitere Sicherheitsarbeit ausgewählt. Vier Jahre lang, Ende der 1980er Jahre, war der Volvo 240 Kombi laut dem *Highway Loss Data Institute* das sicherste Auto seiner Größe in den USA.

**Volvo steht für Sicherheit für wirklich alle Verkehrsteilnehmer.**

**Der 245 GL, Baujahr 1979, hier bei einer Begegnung mit einer 244 GL Limousine, zeigt die neuen rechteckigen Frontscheinwerfer zusammen mit einem kleineren Kühlergrill.**

Das **Modelljahr 1977** wurde im Herbst 1976 mit kleineren Verbesserungen eingeführt: Auch in Schweden wurden die 242/244/245 L mit dem B19A-Vergasermotor mit 90 PS und 1986 ccm ausgestattet. Die Verkäufe von Volvo waren nicht auf der Höhe: In Schweden gingen sie von 76.600 (1976) auf 55.700 (1977) zurück, während sie in den USA leicht von 43.700 auf 44.600 anstiegen. Für diesen Rückgang gab es mehrere Gründe: Erstens wirkte sich die internationale Wirtschaftskrise aus, zweitens wurden Stimmen laut, die Qualität der Fahrzeuge habe gegenüber den 1960er Jahren abgenommen. In der Tat hatten die Kunden mit einigen Problemen zu kämpfen, vor allem bei der Lackierung und Rost-Anfälligkeit. Volvo bot eine kostenlose, komplette Neulackierung an.

Am 14. April 1977 feierte Volvo sein 50-jähriges Jubiläum mit einer limitierten Auflage des 244 DL – lackiert in Silbermetallic mit schwarz-goldenen Seitenprofilen, mit blauer Velours-Polsterung und einer von Volvo-Chef Pehr G. Gyllenhammar signierten Sonderplakette »Volvo 1927-1977 Anniversary Car« auf dem Armaturenbrett. Weitere Plaketten befanden sich an den Fahrzeugflanken.

Zusätzlich zu den zwei-, vier- und fünftürigen Versionen gab es auch eine exklusive Coupé-Version, den 262 C, der vom italienischen Karosseriebauer Bertone gebaut wurde. Zwischen 1977 und 1981 entstanden insgesamt 6622 dieser Fahrzeuge. Am anderen Ende der Größenskala standen der 264 TE (Top Executive) und der 245 Transfer, die sich eine um 70 cm verlängerte Plattform mit langem Radstand teilten. Der 264 TE war eine luxuriöse Limousine, die bei Behörden, Königshäusern und hohen Politikern bis hin zu Regierungsschefs Verbreitung fand. Der 245 Transfer war ein besonders großer Kombi, der unter anderem für die Beförderung von Schulkindern in ländlichen Gebieten und für Flughafentransfers zu noblen Hotels eingesetzt wurde.

Weniger bekannt ist das Exportmodell für die ehemalige DDR: Es handelte sich um eine viertürige Limousine mit dem Vierzylinder-Motor B21A des 244, mit 264-Motorhaube und dem Kühlergrill des 264 DL. Es wurden in zwei Modelljahren ca. 1000 Einheiten produziert.

↗ US-Broschüren, die die gesamte Palette der 240er im Modelljahr 1977 zeigen. Die abgebildeten Fahrzeuge mit DL-Ausstattung hatten die runden Einzelscheinwerfer.

Ab dem Modelljahr 1980 wechselten die 240er von Stoßfängern mit großen Gummi-Elementen zu solchen ganz aus Kunststoff. Die Leuchten an Front und Heck sind größer, abgerundet und sehen eleganter aus.

Ein neues Lackiersystem, das den Rost eindämmen konnte, wurde zum **Modelljahr 1978** eingeführt. Die Beanstandungen der Qualität hörten bald auf. Eine neue zweitürige Limousine, sportlicher als je zuvor, wurde eingeführt: Der 242 GT war mit dem B21E-Motor mit Kraftstoffeinspritzung, Viergang-Schaltgetriebe und 123 PS ausgestattet. Außerdem wurde er mit einem Frontspoiler, Leichtmetallrädern im 20-Speichen-Design, matt silbernem Kühlergrill, Nebelscheinwerfern, Drehzahlmesser, Sportfahrwerk und Servolenkung aufgewertet.

Der luxuriösere 245 GL debütierte mit dem gleichen B21E-Motor. In dieser Variante bekam der Kombi die rechteckigen Scheinwerfer der Limousine. Die Rückspiegel waren nun schwarz (statt verchromt), die Vordersitze ebenso wie die Embleme wurden verändert und Intervall-Scheibenwischer eingeführt. Im Modelljahr 1978 wurde zudem in limitierter Auflage der DLi produziert – ausschließlich für Westdeutschland. Er erhielt den Einspritzmotor B21E (anstelle des Vergasermotors B21A bei den Standard-DL-Modellen). Geliefert wurden hauptsächlich viertürige 244-Limousinen, außerdem wurden einige 245 DLi-Kombis produziert.

Für den US-Markt erhielten die Modelle 244/245 vierfache, runde 5 3/4-Zoll-Sealed-Beam-Scheinwerfer, ebenso die der ersten Sechszylinder-Modelle. Der 242 bekam zwei einzelne, runde 7-Zoll-Scheinwerfer. Im Modelljahr 1978 wurden die Sechszylinder-Modelle auf vier rechteckige, 165 mm x 100 mm große, Sealed-Beam-Scheinwerfer umgestellt, die später ab

Der seltene Katalog des 242 GT und eine schöne Anzeigenseite für die USA.

Mitte der 1980er Jahre war der 240 GL Kombi in mehreren Ländern der meistverkaufte Volvo.

dem Modelljahr 1981 für alle 240er und 260er in den USA und Kanada übernommen wurden.

Das **Modelljahr 1979** brachte einige Neuerungen für die 240er. Die Limousinen bekamen umlaufende Heckleuchten und einen geänderten Kofferraumdeckel. Das Heck der Kombis blieb hingegen unverändert. Auch der Kühlergrill des 242/244/245 wurde angepasst: Der Schrägbalken und die Chromleisten wurden leicht verändert; letztere fassten nun nicht mehr die Blinker, sondern nur noch die Scheinwerfer ein. Die Kunststoff-Elemente am vorderen Stoßfänger hatten nun eine Aussparung für das Kennzeichen. Runde Scheinwerfer gab es nur noch bei der DL-Ausführung in einigen Ländern; in den übrigen Märkten waren sie quadratisch bzw. rechteckig bei den GL- und GLE-Ausführungen. Ein ähnliches Facelift bekamen auch der 264/265 und das Coupé 262 C.

Die Aufteilung der Ausstattungslinien wurde modifiziert: Die L-Ausführung verschwand, und DL wurde zur Einstiegsklasse. Reichhaltigere Ausstattungen gab es für die GL- und die neuen GLE-Versionen. Die 244 und 245 GLE bekamen Frontspoiler mit zwei (teils auch vier) rechteckigen Kühlluftöffnungen.

Als Weltpremiere debütierten im Modelljahr 1979 die Dieselmotoren bei den 240ern mit einem 82,8 PS starken Sechszylinder (2383 ccm), der in Zusammenarbeit mit Volkswagen entwickelt worden war. Der D24 (am Heck als D6 gekennzeichnet) war er einer der leisesten und leistungsstärksten Diesel im Vergleich zur Konkurrenz. In ausgewählten Märkten und Ländern, zum Beispiel Italien und Finnland, wurde zwischen 1979 und 1981 auch der D20 (D5) Zweiliter-Fünfzylinder-Diesel mit 69 PS angeboten.

Im **Modelljahr 1980** debütierte die GLT-Ausstattung (Grand Luxe Touring), eine sportliche Variante mit dem 2316 ccm großen, 140 PS starken Reihen-Vierzylinder B23E, die einen Kühlergrill und Einfassungen der Scheiben in Mattschwarz erhielt sowie 15-Zoll-Leichtmetallräder (5 oder 15 Speichen) mit Pirelli P6 (oprional für mehrere Märkte). Die GLT-Ausstattung wurde später (1983) auch in der kompakten Baureihe 300 übernommen: Der 360 GLT war mit dem Reihen-Vierzylinder B19E mit 116 PS, Sportfahrwerk und Fünfgang-Schaltgetriebe ausgestattet, erreichte 180 km/h und beschleunigte in 11 Sekunden aus dem Stand auf 100 km/h.

Mit dem **Modelljahr 1981** kam ein umfassendes Facelift der Reihe 240/260. Die neuen Kunststoff-Stoßfänger hatten ein Chromprofil an der Oberseite. Die gesamte Baureihe 240/260 bekam zudem rechteckige Scheinwerfer, leicht veränderte Blinker und Tagfahrleuchten. Auch bei den Kombis wurden nun umlaufende Heckleuchten eingeführt.

Ein blass-hellblauer 240 GL im Schnee: Dank der guten Gewichtsverteilung und Traktion ist die heckgetriebene Limousine unter allen Bedingungen sicher.

Der 240 GL als viertürige Limousine: Seit 1982 trugen Limousine und Kombi die Bezeichnung 240 – ohne Hinweis auf die Karosserieform.

Einige der schönsten Prospekte der 200er Baureihe stammen aus den USA.

Eine maßgebliche Neuheit dieses Modelljahrs war der 244 Turbo, ausgestattet mit dem B21ET-Motor mit 2127 ccm und 155 PS für eine Höchstgeschwindigkeit von etwa 190 km/h. Mattschwarze Details, 15-Zoll-Leichtmetallfelgen im Fünf-Speichen-Design, Niederquerschnittsreifen 195/60 HR15 Pirelli P6 und Turbo-Plaketten charakterisierten die Turbo-Version; die größeren Rückleuchten wurden von den Sechszylindern übernommen. Ein Stahlschiebedach gehörte in einigen Märkten zur Serienausstattung. Das Kombi-Instrument hatte eine Ladedruckanzeige und eine analoge Uhr. Für einige Märkte wurde auch ein 242 Turbo angeboten, der die Basis für die Renn- und Rallyeautos bildete.

Auf Reisen: Eine schwedische Familie mit ihrer 240 GL-Limousine auf dem Weg zu einem norwegischen Fjord.

Ausschließlich für die Niederlande wurde der 245 GLi in den Modelljahren 1981 und 1982 produziert. Die GL-Ausstattung war verbunden mit dem 123 PS starken B21E-Motor mit Kraftstoffeinspritzung.

Die große Turbo-Sensation kam etwas später: Der 245 Turbo, der erste Serien-Kombi mit Turbo-Benziner, war die wichtigste Neuheit im **Modelljahr 1982** – zusammen mit dem B19ET-Turbomotor, einem 1986 ccm-Motor, der nur für einige Exportmärkte wie Italien vorgesehen war, wo Benziner mit mehr als zwei Litern Hubraum doppelt so hoch besteuert wurden (38 Prozent statt 19 Prozent).

Mit dem **Modelljahr 1983** entfiel die letzte Ziffer in der Nomenklatur, die für die Karosserievariante stand. Alle Vierzylinder-Modelle hießen nun einheitlich 240, egal ob Zweitürer, Viertürer oder fünftüriger Kombi. Entsprechend hießen bei den Sechszylindern der 264 und 265 fortan 260, und der 262 C wurde schlicht »Coupé« genannt. In Schweden war der 240 mit einem 2,1- oder 2,3-Liter-Motor erhältlich (für den Export gab es mehr Optionen), wobei die Fahrzeuge mit dem größeren Motor stets über ein Fünfganggetriebe und getönte Scheiben verfügten.

Die gesamte 240er Vierzylinder-Baureihe bekam eine neue Frontpartie mit »Knudsen-Nase«. Die Limousinen erhielten zudem die größeren Rückleuchten, die es bis dahin nur bei den Modellen 242/244 Turbo, 262 C und 264 gegeben hatte. Verbreiterte Seitenschutzleisten werteten nicht nur die Optik auf, sondern verbesserten auch den Schutz vor Parkplatz-Dellen.

Im **Modelljahr 1984** kamen seitliche Blinker an den vorderen Kotflügeln hinzu. Ein neues Viergang-Automatikgetriebe wurde anstelle der bisherigen Dreigang-Automatik angeboten.

Ab dem **Modelljahr 1985** wurden ein neues Fünfgang-Schaltgetriebe und ein Intervall-Heckscheibenwischer serienmäßig. Außerdem feierte der Volvo 240 Turbo Erfolge als Rennwagen: 1985 gewannen Thomas Lindström und Gianfranco Brancatelli die Tourenwagen-Europameisterschaft, und der schwedische Fahrer Per Stureson holte die deutsche DTM-Meisterschaft.

Im Juli 1985 wurden die Fahrzeuge für das **Modelljahr 1986** vorgestellt: Es brachte neben dem Ender der 240er Turbos weitere Änderungen der Baureihe. Die Palette wurde vereinfacht; es gab einen Benzin- und einen Dieselmotor, zwei Ausstattungs- und zwei Karosserievarianten (viertürige Limousine und fünftüriger Kombi). Elektrisch verstellbare und aerodynamisch geformte Seitenspiegel wurden eingeführt. Der Griff der Heckklappe beim Kombi bekam eine neue, rechteckige Form. In einigen Märkten wurde die elektrische Zentralverriegelung serienmäßig. Auch ein kleiner Frontspoiler gehörte von nun an zur Baureihe.

Das letzte größere Update kam mit dem **Modelljahr 1990**, das im Juli 1989 eingeführt wurde: Die Limousinen bekamen einen abgerundeten Kofferraumdeckel, die Kombis eine neue Heckklappe mit größerer Heckscheibe und längerem Wischer. Sowohl Kombi als auch Limousine bekamen neue, konkave und abgerundete Kopfstützen vorn und hinten.

Bis zum Produktionsende, das von Jahr zu Jahr hinausgeschoben wurde, kamen von Schweden bis in die USA mehrere Sondermodelle und limitierte Editionen auf den Markt, unter anderem die italienischen Modelle »Polar« und »Super Polar«, die den Ruhm des 240ers wieder aufleben ließen. Ab dem Modelljahr 1992 gab es außerdem den Drei-Wege-Katalysator mit Lambda-Sonde auf für die Benziner mit 1986 ccm und 2316 ccm.

Der letzte 240er wurde am 14. Mai 1993 im Werk in Torslanda produziert. Die Gesamtproduktion der Reihe erreichte 2.862.573 Einheiten, davon 2.685.171 Vierzylinder (240) und 177.402 Sechszylinder (260).

## Die Schrägheck-Fahrzeuge

Im Volvo-Museum in Göteborg ist ein Prototyp eines Schrägheck-Dreitürers 263 GL ausgestellt. Das Sechszylinder-Fahrzeug mit der Frontpartie eines 264 wurde 1975 als Studie vorgestellt. Außerdem wurde ein Vierzylinder-Prototyp 243 mit runden Scheinwerfern gebaut. Doch das Projekt wurde nicht weiterverfolgt. Volvo produzierte ab 1976 das kompakte Schrägheck-Modell 343 und entwickelte die Baureihe weiter bis zum 360er, der bis einschließlich 1990 gebaut wurde.

↗ Die Prototypen 243 und 263: Shooting Brakes mit der Front der 240er und 260er Modelle. Der 263 steht heute im Volvo-Museum in Göteborg.

## Volvo 240 GLT

Dieser Volvo 240 GLT wurde 1985 an einen US-Diplomaten in der Schweiz geliefert. Der Wagen hat die europäische Ausstattung – einschließlich des Vierzylinder-Saugmotors mit 2,3 Litern Hubraum und 130 PS (statt des in den USA üblichen Sechszylinders) mit Viergang-Schaltgetriebe plus Overdrive, Kombi-Instrument mit Kilometer-Angaben (nicht Meilen), Leichtmetallrädern im Fünf-Speichen-Design (mit Pirelli-Reifen, 195/60 R15) und rechteckigen Scheinwerfern. Eine Sonderausstattung ist die klappbare Sitzbank in der dritten Reihe für die Fahrt mit sieben Personen.

Dieser 240 GLT ist mit eleganten, beigefarbenen Velours-Polstern ausgestattet. Eine Klimaanlage fehlt. Dafür hat er spezielle Winterteppiche aus Kunststoff, die in den kältesten Monaten Wasser, Schlamm und Schnee aushalten. Außerdem ist er mit dem Original Volvo-Soundsystem Volvo 4Stereo mit zwei Lautsprechern in den vorderen Türverkleidungen ausgestattet.

Vor einigen Jahren gelangte das Fahrzeug in die Hände des Volvo- und Suzuki-Händlers Eggenberger im Schweizer Kanton St. Gallen, nicht zu verwechseln mit dem Eggenberger-Team, das mit dem 240 Turbo in der Tourenwagen-Europameisterschaft antrat. Technisch wie optisch ist der Wagen heute noch fast so neu, als hätte er gerade das schwedische Werk in Göteborg verlassen, obwohl er seither mehr als 180.000 km zurückgelegt hat. Es dürfte kaum ein vergleichbares Fahrzeug in diesem hervorragenden Zustand geben.

**Ein schöner und gepflegter 240 GLT Kombi, ursprünglich im Besitz eines US-Diplomaten in der Schweiz, jetzt Eigentum eines Volvo-Händlers in Berneck (Kanton St. Gallen).**

Rückansicht dieses seltenen 240 GLT Kombis, ausgestattet mit den originalen Virgo-Alufelgen und Pirelli-Reifen sowie den nach hinten gerichteten Sitzen der dritten Reihe.

Die Scheinwerfer-Wischer und der mattschwarze Kühlergrill der GLT-Ausstattung.

Bei den 240 Kombis der 1980er Jahre war die Bedienung des hinteren Scheibenwischers nicht mehr in der Mittelkonsole, sondern am rechten Hebel an der Lenksäule untergebracht.

Dieser GLT hat ein Viergang-Schaltgetriebe (plus Overdrive) und eine Velours-Polsterung.

Er hat auch eine einklappbare Mittelarmlehne für die Rücksitzbank.

# Die 240er Diesel

Ab den 1970er Jahren stiegen die Verkäufe von Dieselfahrzeugen in Europa schnell an, vor allem bei Autos der Mittel- und Oberklasse, die oft als Firmenwagen genutzt wurden. Die Diesel-Modelle von Mercedes-Benz sowie des Opel Rekord und des Peugeot 504 beherrschten den Markt, als einige beachtenswerte Neuheiten auf die Straßen kamen: Der aerodynamische und schnelle Citroen CX, der flotte Audi 100 und die zuverlässigen 240er von Volvo zählten schnell zu den bekanntesten und beliebtesten unter ihnen und wurden Bestseller.

↗ Ein 240er Diesel, Modelljahr 1983, in einer typisch skandinavischen Landschaft.

Ende der 1970er Jahre wuchs auch in den USA die Nachfrage nach Dieselmotoren für Mittelklassewagen. Mercedes-Benz war der erste europäische Automobilhersteller, der Diesel- (und Turbodiesel-) Motoren für seine S-Klasse (300 SD) und W/S/C123-Reihe (Limousine, Kombi und Coupé) auf dem US-Markt anbot.

Volvo beschloss, auf dem einfachsten Weg in dieses Marktsegment einzusteigen und kaufte die ersten Dieselmotoren von Volkswagen. Der D24 Reihensechszylinder mit 2,4 Litern

↗ Das Handbuch für den 244 GL D6 und eine Werbe-Anzeige für den US-Markt; die 244/245 Diesel wurden dorthin exportiert.

(2383 ccm) war der überarbeitete Motor aus dem VWLT Kleintransporter. Er lieferte 82,8 PS bei 4800 U/min und 14,3 kgm bei 2800 U/min. Dank der Gestaltung der Brennräume und der zahnriemengesteuerten Nockenwelle war er bemerkenswert laufruhig. Er wurde auf dem Pariser Automobilsalon im Herbst 1978 angekündigt und ein knappes Jahr später in der Limousine 244 und dem Kombi 245 für das Modelljahr 1980 vorgestellt. Die Vorkammer-Dieselmotoren waren flüssigkeitsgekühlt, hatten einen gusseisernen Motorblock und Aluminium-Zylinderköpfe. Neben dem 2,4-Liter-Reihensechszylinder wurde zeitweise der 69 PS starke Fünfzylinder-2-Liter-Motor (D20) abhängig von der Besteuerung für ausgewählte Märkte angeboten, z. B. in Finnland und Italien zwischen 1979 und 1981. In einigen Ländern, etwa in Italien, waren die Diesel-240er zudem nur in den Ausstattungsvarianten GL und GLE erhältlich, anderenorts wurden sie auch als L und DL angeboten.

Als der Absatz von Diesel-Pkw in den USA zurückging, wurde in Nordamerika die Baureihe 240 D6 nach dem Modelljahr 1985 eingestellt. Übrigens fiel es Volvo schwer, mit den Dieseln die Normen der EPA (Environmental Protection Agency) zu erfüllen. Obwohl der D24 auf 79 PS angepasst wurde, war er in Kalifornien (wo die Schadstoffgrenzwerte auch seinerzeit schon strenger waren und es bis heute sind) nicht zum Verkauf zugelassen.

In Europa waren die Verkaufszahlen zufriedenstellend, und der auf den neuesten Stand gebrachte 240 GLE D6 wurde zu einem der beliebtesten Autos für berufliche Langstreckenfahrten sowie als braver Zugesel für Wohnwagen und Anhänger. In Australien hingegen wurde der 240 D6 nicht angeboten. Je nach Land und Markt wurden bis 1993 Dieselmotoren verbaut.

**Ein vollausgestatteter 244 GLE D6, bereit zum Ziehen eines Wohnwagens. Dieser Wagen hat mehrere Extras: Schiebedach, Nebelscheinwerfer, Alufelgen und Metallic-Lackierung.**

# Volvo 245 Transfer

Auf einer gegenüber der Basisversion um 70 cm gestreckten Plattform der Baureihe 245 mit langem Radstand baute Volvo im Werk Kalmar seit 1977 auf Bestellung den 245 Transfer. Die vorderen und hinteren Überhänge entsprachen dem 245, aber der »Maxi-Kombi« erreichte 557 cm Länge und bot Platz für bis zu sieben Personen in drei Reihen oder elf Kinder in vier Reihen in der »Schulbus«-Ausführung, wobei für Gepäck noch ein ähnlich großer Kofferraum übrig blieb wie beim Standardmodell 245/265. Die großen hinteren Türen stammten von der Repräsentationslimousine 264 TE und boten einen guten Zugang zur dritten Sitzreihe. Der Transfer hatte vier Seitenfenster.

Die Ausstattung des 245 Transfer war etwas einfacher gehalten. Die am vorderen Kotflügel mit 245 T gekennzeichneten Fahrzeuge wurden hauptsächlich für den Transfer von Flughäfen zu Hotels eingesetzt. Entsprechend waren typische Käufer Fluggesellschaften, Hotels, Taxi-Betreiber, aber auch Sozialdienste und größere Städte für den Einsatz als Schulbus. Die meisten 245 Transfer wurden von einem Reihenvierzylinder B21 (2127 ccm) mit 100 PS angetrieben.

**Der 245 Transfer wurde vor allem von Reiseunternehmen und Fluggesellschaften genutzt, um ihre Kunden von und zu den Flughäfen zu holen und zu bringen.**

**In einigen schwedischen Städten diente der 245 T als Schulbus.**

# Volvo 245 Leichenwagen

Die Plattform mit dem langen Radstand, die für den 264 TE und für den 245 Transfer Verwendung fand, war auch die Basis für den »Bestattungswagen«. Der Leichenwagen, der hauptsächlich in Schweden und Skandinavien verbreitet war (während anderswo Mercedes-Benz diese Marktnische dominierte), wurde so konzipiert, dass er die gleiche Sicherheit und den gleichen Komfort wie die Straßenfahrzeuge von Volvo bot – und natürlich den erforderlichen Platz für den Sarg sowie Kränze und Blumen. Dank der Länge des Fahrzeugs, etwa 560 cm, gab es hinten genügend Platz: Der Laderaum maß 235 x 142 cm. Die von Volvo gefertigte Karosserie war als dreitüriger Kombi ausgelegt, wobei die Vordertüren vom 242/262 DL stammten und damit größer waren als die beim 244/245 bzw. 264/265. Das erhöhte Dach bot mehr Platz für die Ladung. Im Laderaum war nur ein Fenster pro Seite vorgesehen. Dieses Sonderfahrzeug für die letzte Fahrt trug auf den vorderen Kotflügeln die Bezeichnung 245 L, wobei der Buchstabe nicht etwa für die Langversion, sondern für »Luxe«, also die niedrigste Ausstattungsvariante, stand.

**Der lange Radstand des 245 Transfer und des 264 TE erlaubte es Volvo, Bestattungswagen zu bauen.**

# Volvo 245/265 Krankenwagen

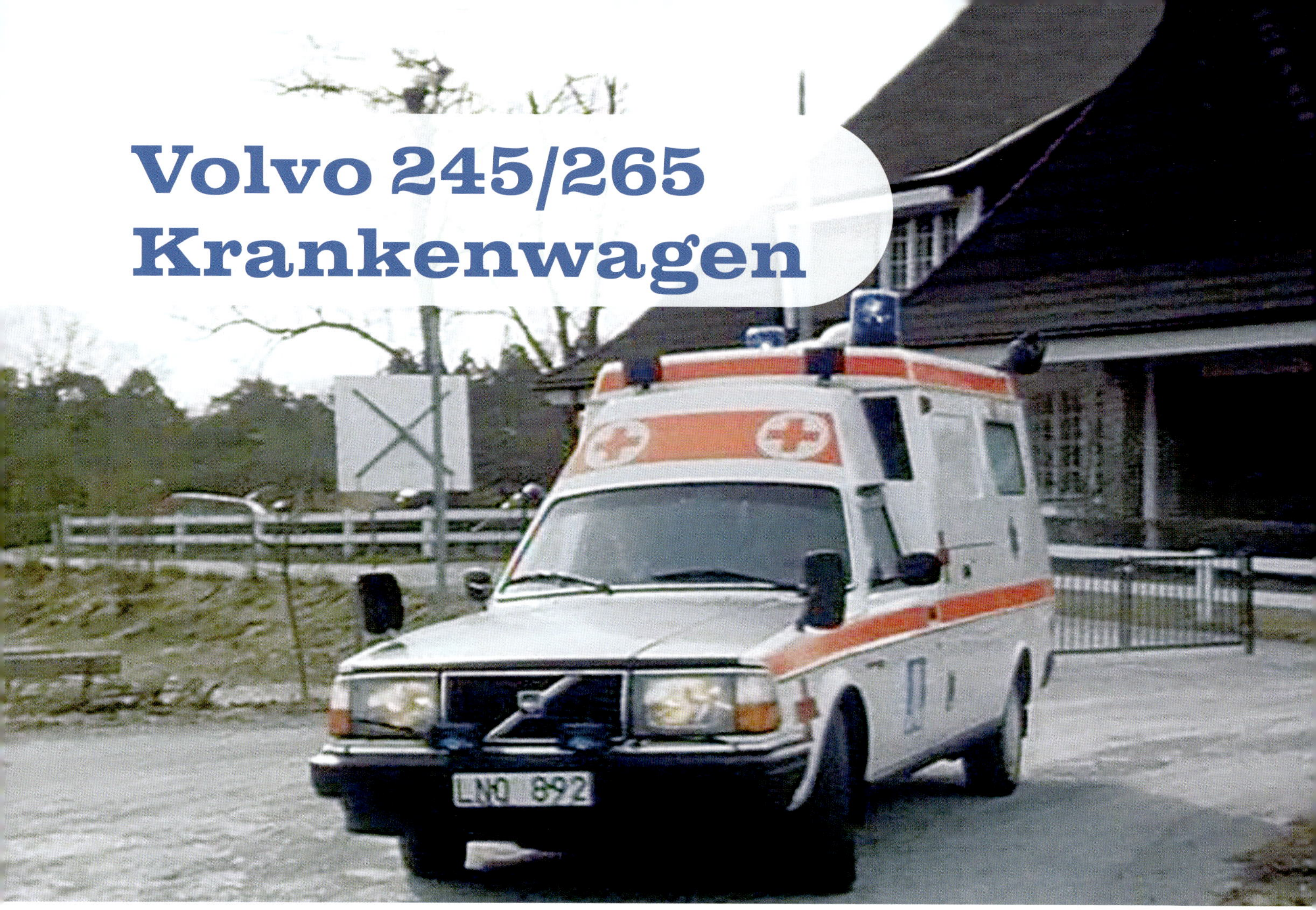


**Volvo baute auch eigene Krankenwagen auf Basis der 200er Plattform mit verlängertem Radstand.**

Volvo hatte sich nicht weniger vorgenommen, als den besten möglichen Rettungswagen im Hinblick auf die Sicherheit für Besatzung, Ärzte und Patienten zu bauen. Das Projekt wurde sorgfältig in Zusammenarbeit mit Sanitätern und Fahrern, Ärzten und Krankenhauspersonal entwickelt, um die Bedürfnisse aller an Rettungseinsätzen beteiligten Fachkräfte zu berücksichtigen.

Auch für den Krankenwagen diente die verlängerte Plattform als Basis, wodurch im hinteren Bereich eine große, ebene Bodenfläche zur Verfügung stand. Das erhöhte den Bewegungsspielraum und erleichterte die Arbeit der Sanitäter, ihren Zugang zur Ausrüstung und die Reinigung nach dem Einsatz.

Fahrerkabine und Patientenabteil waren mit eigenen Heiz- und Belüftungssystemen komplett voneinander getrennt. Für eine bessere Hygiene sollte sich die Luft in beiden Bereichen nicht vermischen. Die Krankenliege ließ sich auf Knopfdruck pneumatisch gesteuert verstellen, eine kraft- und zeitsparende Funktion, die in entscheidenden Situationen lebensrettend sein konnte.

Die Sirene auf dem Dach war so gut schallisoliert, dass möglichst wenig Lärm in die Fahrerkabine und das Patientenabteil drang. Der Antriebsstrang war abhängig von der Bestellung. Im offiziellen Volvo-Katalog war ein Fahrzeug mit der Front eines 265 abgebildet, die mit an Sicherheit grenzender Wahrscheinlichkeit den zugehörigen V6-PRV-Benziner beherbergte.

# Die sportlichen 240er: 242 GT und 244/245 GLT

## 242 GT

Die erste Sport-Version der 200er Baureihe kam 1978 auf der Basis der zweitürigen Limousine 242 auf den Markt. Der 242 GT hatte ein Sportfahrwerk (mit Gasdruckstoßdämpfern), Servolenkung und einen 123 PS starken B21E-Motor (2127 ccm) mit K-Jetronic-Benzineinspritzung von Bosch (175 km/h, 0–100 km/h in 12 Sekunden).

Er war sofort zu erkennen an seiner Lackierung in Mystic Silver Metallic mit schwarzen und roten Seitenstreifen. Streifen zierten auch den Frontspoiler in Wagenfarbe. Zwei Zusatzscheinwerfer waren im silbernen Kühlergrill untergebracht. Auf den vorderen Kotflügeln prangten goldene »242-GT-Plaketten«. Die Leichtmetallräder hatten ein 20-Speichen-Design. Hervorzuheben sind auch das schwarze Cord-Interieur mit roten Streifen, der Drehzahlmesser in der Instrumententafel und die schwarz eingefassten Fenster. In Kanada waren schwarze Fahrzeuge mit roten Seitenstreifen erhältlich.

↗ Frontspoiler und Zusatzscheinwerfer sind die Erkennungsmerkmale des 242 GT.

Der 242 GT wurde von 1978 bis 1979 (für Nordamerika bis 1980) gebaut. In einigen Ländern, vor allem in Europa, ersetzte im Februar 1979 der 2,3-Liter-Reihenvierzylinder B23E (2316 ccm) den B21E, was dem GT zusätzliche Pferdestärken einbrachte, nämlich 140 PS bei 5750 U/min.

↗ Der GT, lediglich erhältlich als zweitürige Limousine, hatte besondere Leichtmetall-Felgen und schwarz-goldene Streifen entlang der Seiten.

↗ Offizielle Broschüre des 242 GT mit den technischen Daten der zweiten Serie, ausgestattet mit dem 2,3-Liter-Motor.

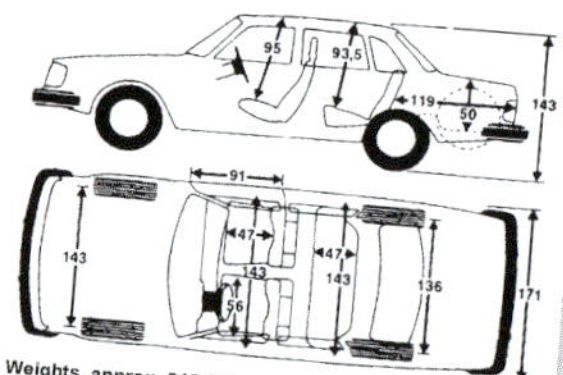

**Suspension.**
Front: spring strut type. Rear: live, carried in longitudinal rubber-mounted control arms. Also two torque rods and a track rod. Stabilizers front and rear.

**Brake system.**
Dual circuit. Each circuit operates on both front wheels and one of the rear wheels simultaneously. Brake pipes are made of rust-resistant alloy of copper, nickel and iron. Disc brakes on all wheels. Front wheel discs specially ventilated. Power assisted. A relief valve in each circuit prevents premature lock-up of the rear wheels during heavy braking. Master cylinder of stepped-bore type. Handbrake operates on rear wheels through separate drums.

**Instrumentation.**
Padded fascia. Rheostat-controlled instrument lighting. Six-figure mileometer with trip meter. Fuel gauge and coolant temperature gauge. Warning lamps for battery charging, oil pressure, main beam, turn indicators, parking lights, handbrake application and brake circuit failure. Bulb integrity sensor. Glove compartment lighting. Combined steering wheel lock and ignition switch. Separate key for glove compartment and boot. Centre console switches for electrically heated rear window, four-way hazard warning lights and also for heating and ventilation system. Seat belt reminder. Cigar lighter. Ash tray. Radio compartment.

**Weights, approx. 242 GT**
Kerb weight 1290 kg
Gross weight 1780 kg
Permissible trailer weight 1500 kg

**Warranty.**
12-month warranty without mileage limitations on all cars.

*The factory reserves the right to make changes at any time, without notice, to design and equipment.*

## Technical information 242 GT

| | |
|---|---|
| **Engine** | |
| Designation | B23E |
| Configuration | 4 cyl. in-line |
| Displacement (cc) | 2315 |
| Bore/stroke (mm) | 96.0 x 80.0 |
| Max output, kW. DIN at r/s (hp DIN r/min) | 103/96 (140/5750) |
| Max torque N m DIN at r/s (kpm DIN r/min) | 191/75 (19.5/4500) |
| Compression ratio/octane rating | 10.0:1/97-98 |
| Fuel system | CI fuel injection |
| Engine block and cylinder heads | Cast-iron/light alloy |
| Valve system | Overhead camshaft |
| **Transmission** | |
| Manual gearbox | 4-speed with overdrive |
| **Cooling system** | |
| Sealed. Volume (litres). | 9.5 |
| **Electrical system** | |
| Battery capacity | 12 V/60 Ah |
| Alternator rating | 55 A |
| Ignition system | Contactless, transistorized |
| **Fuel tank** | |
| Safety location beside rear axle. Volume, litres | 60 |
| **Steering gear** | |
| Rack and pinion. Split steering column of safety type. Ratio | 17.2:1 Power assisted |
| Turns of steering wheel, lock to lock | 3.5 |
| Turning circle (metres) | 9.8 |
| **Wheels** | |
| Steel radial ply tyres | 195/60 HR 15" |
| Rims | 6J-15" 5 spoke light-alloy |
| **Suspension** | |
| Front | Spring strut |
| Rear | Live |
| **Brakes** | |
| Front/rear | Disc/disc. Front discs ventilated |
| **Shock absorbers** | |
| Front/rear | Standard/gas filled |

Printed by Offset Alpine Printing Pty. Ltd.

↗ Virgo-Felgen und Kunststoff-Seitenspiegel kennzeichnen die jüngeren 242 GT.

## 244/245 GLT

Im Modelljahr 1980 (eingeführt im September 1979) ersetzten die GLT-Modelle (Grand Luxe Touring) den GT. Allerdings gab es lediglich die viertürige Limousine (244) und den Kombi (245) als GLT, nicht aber den Zweitürer. Sie hatten den 2,3-Liter-Saugmotor (B23) mit elektronischer Einspritzung und 140 PS. Gemeinsame Merkmale der GLT-Modelle waren das straffere Fahrwerk, schwarze Zierleisten und Alu-Felgen im 5-Speichen-Design wie bei den Turbo-Modellen oder mit 25 Speichen. Der Kühlergrill und die Fensterrahmen waren mattschwarz, und die GLT-Modelle hatten einen Frontspoiler wie der GT.

In den meisten Ländern bekam der GLT Kombi den 155 PS starken 2,8-Liter-V6-Motor (B28E) mit 2849 ccm Hubraum, der bereits für den 264 und 265 verfügbar war. (Damit hatte die mittlere Ziffer »4« in

Die ersten 244 GLT hatten den gleichen 2,3-Liter-Einspritzmotor wie die letzten 242 GT.

Die zweite Serie des 244 GLT hatte die neuen Kunststoff-Stoßfänger, aber die bekannten Virgo-Alufelgen.

der Modellbezeichnung, die zuvor für die Vierzylinder-Motoren stand, ihre ursprüngliche Bedeutung verloren.) Der GLT Kombi mit V6-Saugmotor (Automatik oder Viergang-Schaltgetriebe mit Overdrive) erreichte bis zu 190 km/h anstelle der 180 km/h der viertürigen GLT Limousine.

Mit der ersten grundlegenden Überarbeitung der 200er Baureihe, die 1980 neue Front- und Rückleuchten sowie Kunststoff-Stoßfänger brachte, bekamen die GLT Kombis mit V6-Motoren einen weiter vorstehenden Kühlergrill. Die GLT-Modelle mit Reihenvierzylindern behielten hingegen Kühler und Haube der übrigen Vierzylinder-Modelle.

**Berühmt und selten: Der 240 GLT der dritten Generation mit abgerundeten Leuchten an der Front und am Heck und Speichen-Alufelgen. In Schwarz-Metallic ist und bleibt er absolut elegant.**

**Ein 240 GLT für den britischen Markt fährt am Strand. Das macht ihm zum Glück nichts aus wegen des guten Rostschutzes für Karosserie und Fahrgestell.**

# Die Turbo-Modelle (242/244/245/240)

1980 unternahm Volvo zwei wichtige Schritte: Erstens zeigte Volvo mit dem VCC (Volvo Concept Car) den Weg in Richtung der kommenden Modellgeneration wie der 700er Serie und des 850ers auf. Zweitens erwies sich Volvo, bekannt als Marke für intelligente, sichere und zuverlässige Autos, mit dem Debüt des B21ET-Motors auch als Hersteller leistungsstarker und aufregender Fahrzeuge.

Der 2,1-Liter-Reihen-Vierzylinder mit Kraftstoffeinspritzung, mit dem Modelle wie der 244/245 GLE und der 244/245 GLT ausgestattet waren, erhielt einen Garrett-Turbolader, um die maximale Leistung auf 155 PS bei 5500 U/min mit einem auf 0,67 bar begrenzten Ladedruck zu erhöhen. Neben höherer Leistung hatte der Turbo auch eine effizientere Verbrennung und einen niedrigeren Kraftstoffverbrauch als der 264er mit Kraftstoffeinspritzung und B28 V6-Motor. Ein Bypass-Ventil sorgte beim Turbo-Motor für besseres Ansprechverhalten bei niedrigeren Drehzahlen.

↗ Der erste 245 Turbo erhielt den schlichten Kühlergrill und die Virgo-Felgen der GLT-Ausstattung.

↗ Vergleichende Werbung aus den USA: Der Volvo 244 und 245 Turbo wetteifern in Sachen Leistung mit dem BMW 318i und dem Saab 900.

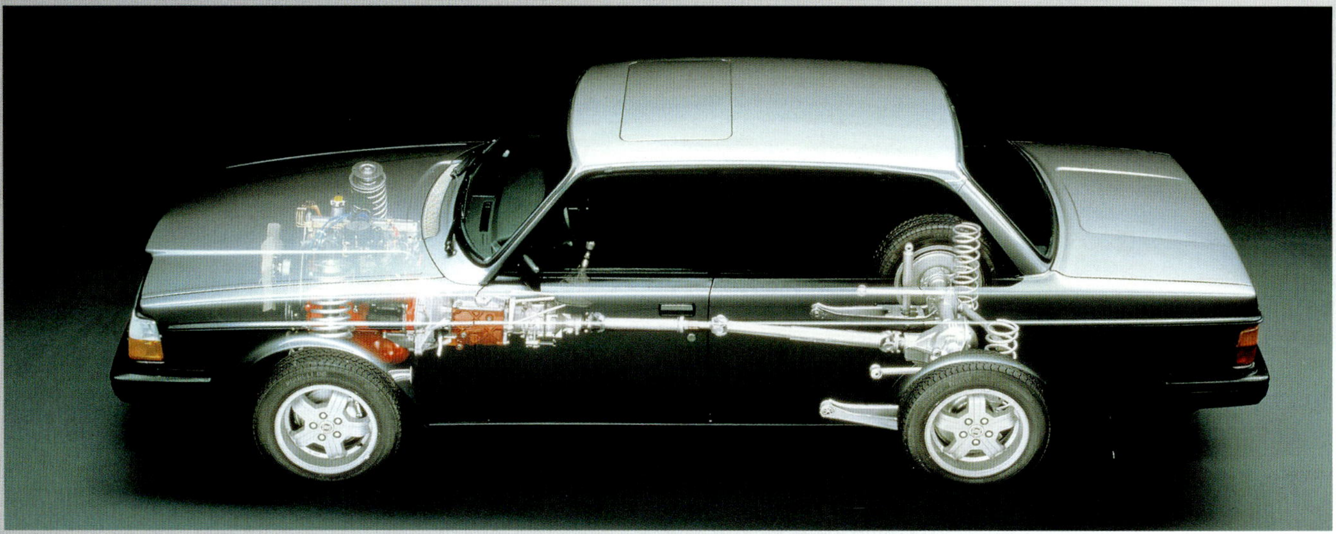

Die 240 Turbo-Limousine mit vorstehendem Kühlergrill: Die Grafik zeigt die Platzierung der wichtigsten technischen Merkmale. Das Auto hat eine gute Gewichtsverteilung, um die Dynamik zu verbessern.

Der weiße 240er Turbo-Kombi aus dem Volvo-Museum in perfektem Zustand.

↗ Der kompakte Vierzylinder-Turbomotor B21ET, der im 240 Turbo verbaut ist.

Diese 155 PS starken Volvos debütierten als 242 Turbo (Zweitürer), der gleich seinen vorbestimmten Weg in den Renn- und Rallyesport fand, und als 244 (viertürige Limousine). Sie hatten den schlichten Kühlergrill der übrigen 240er, allerdings in Schwarz wie beim GLT. Das Fahrgestell wurde überarbeitet – mit Gasdruckstoßdämpfern an der Hinterachse, größeren Stabilisatoren und Niederquerschnittsreifen 195/60 HR15 Pirelli P6 auf Leichtmetallrädern im 5-Speichen-Design »Virgo«. Größere Rückleuchten wie beim 264 GLE kamen ebenso hinzu wie der Frontspoiler der GLE/GLT-Modelle. Von diesen stammten auch die schwarzen Rahmen der Scheiben. Eine kleine Turbo-Plakette unten am Kühlergrill und eine zweite auf dem Kofferraumdeckel angebracht. Die Servolenkung war serienmäßig, und ein überarbeitetes Getriebe sollte trotz gesteigerter Motorleistung eine lange Lebensdauer garantieren. Im Datenblatt stand zu lesen: Vmax 200 km/h, Beschleunigung 0–100 km/h in 9 Sekunden.

Die 240 Turbos bekamen ein überarbeitetes, größeres Armaturenbrett. Die Uhr sowie die Öldruck- und Batterie-Anzeige rückten ins Blickfeld des Fahrers. Außerdem erhielten die Turbos eine Ladedruck-Anzeige. Auch das Kombi-Instrument selbst wurde neu gestaltet.

Ein Jahr später, im Juli 1981, wurde mit dem Modelljahr 1982 der Turbo Kombi ins Programm aufgenommen. Die Fahrzeuge hießen nun 240 Turbo, unabhängig von der Karosserie-Variante, und bekamen den neuen, vorstehenden Grill und die größere Motorhaube der Modelle 262/264/265.

Der Zweitürer war in den Modelljahren 1981 bis 1984 erhältlich; viertürige Limousinen gab es von Ende 1981 bis Anfang 1985 und Kombis von 1982 bis Anfang 1985. Die typischen Innenausstattungen waren graues Velours oder Leder für die Limousinen und schwarzes Leder für die Kombis. Die Lackierungen waren auf vier Metallic-Optionen beschränkt: Schwarz, Grau, Bordeauxrot und Blau. Das elektrische Stahlschiebedach war je nach Markt serienmäßig oder optional.

Seinerzeit war der Volvo 240 Turbo SW der schnellste Kombi der Welt, auch schneller als teurere und leistungsfähigere Autos wie der Mercedes-Benz 280 TE oder der Citroen CX. In einigen Ländern wie Italien wurde der 2127 ccm B21ET-Motor durch den 1986 ccm B20ET mit Turbolader ersetzt, der die gleiche Leistung bei reduziertem Hubraum bot, um steuerliche Nachteile zu vermeiden.

**Innen und außen Rot in Rot: Das ganz besondere Auto von Volvo-Chef Pehr Gyllenhammar mit Auto-Telefon, Veloursposterung und weiteren Extras.**

Der »Gyllenhammar Turbo« ist eine viertürige Limousine der ersten Turbo-Generation mit zwei Antennen (eine für das Radio, eine für das Telefon) und Zusatzscheinwerfern.

Am Armaturenbrett dieses besonderen 244 Turbo sind die Ladedruck-Anzeige und das Telefon zu sehen – und auch die gute alte Handkurbel fürs Fenster.

Eine auf 500 Fahrzeuge limitierte Auflage wurde mit dem »Evolution«-Motor gebaut, ausgestattet mit einem Ladeluftkühler aus dem neuen, in Europa angebotenen 760 Turbo Intercooler, und in die USA verkauft. Einige wurden später nach Europa reimportiert. Diese 240 Turbo Intercooler hatten 185 PS und bildeten die technische Basis für die zweitürigen 240 Turbos der Gruppe A, die 1985 in der DTM (mit dem schwedischen Fahrer Per Stureson) und in der Tourenwagen-Europameisterschaft (mit Gianfranco Brancatelli aus Italien und Thomas Lindstroem aus Schweden) siegreich waren.

Die 240 Turbos in allen Karosserie-Varianten waren die ersten 200er, für die sich Sammler interessierten. Ihre Preise steigen aufgrund der limitierten Stückzahlen, der Top-Ausstattung und der Rennsport-Gene dieser Fahrzeuge – allerdings nur, wenn sie im Originalzustand und gut gepflegt sind.

**Der Volvo 240 bei der Schweden-Rallye 1986, bei der Susanne Kottulinsky und Tina Thörner den 13. Gesamtrang belegten, den ersten Platz unter den Fahrzeugen mit Hinterradantrieb und den ersten Platz im Ladies' Cup.**

**Ein Blick auf die Technik der in der Tourenwagen-Europameisterschaft eingesetzten 240 Turbo der Gruppe A.**

Johnny Cecotto am Steuer des Gruppe A 240 Turbo während des ersten Rennens der Tourenwagen-Europameisterschaft 1986 in Monza, wo er mit Thomas Lindström den neunten Gesamtrang belegte.

Bei den meisten Rennen der ETC-Meisterschaft 1986 wurde der 240 Turbo des Volvo-Werksteams von zwei Besatzungen gefahren: Granberg–Olofsson und Cecotto–Lindström.

# Die Sechszylinder

## Volvo 264 und 265

↗ **Spitzenmodell der Baureihe 264 im ersten Produktionsjahr: der 264 GL.**

Im Herbst 1974 nahm Volvo einen bis dahin in der Firmengeschichte einzigartigen Austausch seiner Modellreihen vor: Gleichzeitig kamen die Modelle 242, 244 und 245 sowie die Oberklasse-Limousine 264 heraus, während die bisherigen Modelle 142, 144 und 145 sowie ihr Oberklasse-Pendant 164 E gestrichen wurden, wenngleich letztgenannte Limousine noch fast ein Jahr lang verfügbar blieb. Stellt sich die Frage: Warum?

Die Ölkrise und der steigende Benzinpreis würgten jegliches V8-Projekt ab. In der Zentrale in Göteborg hatte die Unternehmensleitung beschlossen, dass das neue Spitzenmodell ein Ableger der 240er sein sollte, angetrieben von einem V6-Motor. Außerdem sollte sich die Luxuslimousine nicht nur die Plattform, sondern auch die Karosserie mit den Vierzylinder-Modellen teilen – abgesehen vom vorstehenden Kühlergrill und der entsprechend verlängerten Motoraube, den rechteckigen Halogen-H4-Scheinwerfern und den breiteren Rückleuchten. Ein V6 – natürlich als Gemeinschaftsprojekt mit anderen Herstellern – sollte gut in die bestehende Plattform passen. Auch die Größe des Innenraums und der Radstand der Spitzenlimousine sollten den Standard-Fahrzeugen entsprechen, anders als zuvor beim 164, der gegenüber dem 144 einen verlängerten Radstand hatte. War das nun also die Billig-Version einer Luxuslimousine? Keineswegs! Volvo brachte einen vollwertigen Nachfolger des 164 E auf die Straße, wobei ein Teil der Kosten von eigenen Baureihen und durch andere Hersteller mitgetragen wurde.

Die Ölkrise hatte Volvos Vorhaben, einen eigegen V8-Motor zu entwickeln, platzen lassen. Auch dieser Motor hätte sich viele Bauteile mit den Reihen-Vierzylindern geteilt. Als sich Volvo 1971 einem gemeinsamen Projekt von Peugeot und Renault für einen V8-Motor anschloss, wurde dieser bald überarbeitet und stattdessen als V6 ausgelegt. Das Joint-Venture hieß »Société Franco-Suédoise des Moteurs PRV« (Peugeot, Renault, Volvo). Pehr G. Gyllenhammar, seinerzeit frischgebackener Volvo-Chef, unterzeichnete die

Die 264er Limousine erhielt 1978 das erste Update: einen Motor mit Kraftstoffeinspritzung und 2849 ccm für die GLE-Ausstattung sowie reichhaltigere Serienausstattung mit Automatikgetriebe, Leichtmetallfelgen und größeren, elektrisch verstellbaren Seitenspiegeln.

Ein 264 GL, Modelljahr 1977, mit verchromtem Kühlergrill, rechteckigen Scheinwerfern mit Wischern und überarbeiteter Stoßstange (ohne Gummi-Element in der Mitte).

Vereinbarung im Namen von Volvo. Der PRV-V6 musste in einem neuen Werk in Douvrin, einer kleinen Stadt in Nordfrankreich, hergestellt werden.

Der Motor hatte einen Hubraum von 2664 ccm, einen Block aus Aluminiumlegierung und nasse Zylinderlaufbuchsen. Er wog 150 kg und war kürzer als der Reihen-Vierzylinder des 242/244/245, sodass er leicht im gleichen Motorraum untergebracht werden konnte. Unter der Bezeichnung B27 wurde er in mehreren Varianten entwickelt: Der B27E mit elektronischer Einspritzung, der 140 PS bei 5500 U/min liefert, war für den 264 DL und GL vorgesehen und mit einer Dreigang-Automatik, einem Vier- oder Fünfgang-Schaltgetriebe verbunden.

Der 264 GL war eine echte Luxuslimousine. Die Ausstattung umfasste eine Klimaanlage und ein Metallschiebedach, getönte Scheiben, Lederpolsterung (Velours bei Fahrzeugen ohne Schiebedach), Metall-Zierleisten an den Kotflügeln, Metallic-Lackierung, Scheinwerfer-Wischer, elektrische Fensterheber, hochflorige Teppiche, Kofferraum- und Motorraumbeleuchtung und ab 1978 elektrisch verstellbare Außenspiegel.

Im Herbst 1975 wurde das Modelljahr 1976 präsentiert und brachte drei wesentliche neuerungen: die zweitürige Limousine 262 (nur für den US-Markt), den Kombi 265 und die Version B27A (mit SU-Vergasern) des V6-PRV-Motors mit 125 PS bei 5250 U/min für den 264 und 265 DL.

Beide hatten eine einfachere Serienausstattung mit schwarzem Kühlergrill, Seitenleisten aus Metall (statt Gummi) und Textilpolsterung (statt Velours oder Leder). US-Fahrzeuge (sowohl 264 als auch 265) hatten zunächst die runden 5 3/4-Zoll-Sealed-Beam-Doppelscheinwerfer und ab dem Modelljahr 1979 vier rechteckige, 165 mm x 100 mm große Sealed-Beam-Scheinwerfer. Die Produktion des 265 DL begann Anfang 1976. Ein Jahr später wurde der luxuriösere 265 GL zusammen mit der Oberklasse-Limousine 264 GLE in das Sechszylinder-Programm aufgenommen. Der 265 war der erste Volvo-Kombi, der in Serie mit einem Sechszylinder-Motor ausgestattet war.

Zwischen 1976 und 1979 (anderen Quellen zufolge bis 1981) wurde, zunächst bei Bertone in Italien, später dann in Schweden, die Staatskarosse 264 TE gebaut. Sie basierte wie der 245 Transfer auf der um 70 cm verlängerten Plattform. TE stand für »Top Executive«. Die Sechszylinder-Limousine mit langem Radstand wurde unter anderem von Angehörigen des schwedischen Königshauses genutzt, etwa von König Carl XVI. Auch

Veloursposterung für die Limousine 264 GL.

↗ **Das Modelljahr 1980 brachte einen Frontspoiler für den 264 GLE.**

im Ostblock war der Wagen beliebt, wo einige Politiker wie Erich Honecker (Staatsratsvorsitzender der DDR von 1976 bis 1989) ihn den altbackenen Sowjet-Limousinen und den westdeutschen Spitzenautos vorzogen.

1977 präsentierte Volvo zur Feier seines fünfzigsten Geburtstages den 264 Anniversary. Basierend auf der viertürigen Limousine wurde das Sondermodell in Silbermetallic mit einem schwarz-goldenen Zierstreifen lackiert. Die Anzahl der produzierten Fahrzeuge ist unbekannt.

1978 wurde die Qualität der Modelle 264/265 analog zur Baureihe 240 erheblich gesteigert, und ein neues Lackierverfahren konnte die Rostprobleme der ersten Modelljahre eindämmen, die der schwedischen Marke einen unerwartet schlechten Ruf einbrachten.

Mit dem Modelljahr 1979 kam Ende 1978 das erste größere Facelift: Die Limousine 264 erhielt neue, umlaufende Heckleuchten und einen neu gestalteten Kofferraumdeckel, wobei das Heck der Kombis unverändert blieb. Ein Frontspoiler mit zwei (teils vier) rechteckigen Kühlluftöffnungen kam hinzu.

In Griechenland und Israel war der 1,8-Liter-Motor (B17) ab dem Modelljahr 1980 auch für den luxuriös ausgestatteten 260 verfügbar. Dieser fleißige kleine Doppelvergaser-Motor leistete 90 PS und hatte einen sogar wesentlich höheren Kraftstoffverbrauch als die später folgende, turboaufgeladene Spitzenversion.

Im Modelljahr 1980 verschwanden die GT- und GLE-Ausstattungen sowie der 265 GLE von den meisten Märkten. Im Vereinigten Königreich und in Australien waren die GLE-Kombis bis 1985 erhältlich.

Für das Modelljahr 1981 gab es ein weiteres Update: Der 265 erhielt die umlaufenden Rückleuchten wie der 245. Vor allem bekamen alle Kombis der Baureihe 264/265 die neuen vorderen und hinteren Kunststoff-Stoßfänger, mit denen sich die Länge der Kombis von 490 cm auf 480 cm verringerte. In der Zwischenzeit erhöhte Volvo den Hubraum auf 2,8 Liter im Jahr 1980 mit der Einführung der Triebwerke B28E und B28F. Sie entwickelten 156 PS, waren aber anfällig für Ölverlust und vorzeitigen Nockenwellenverschleiß. Einige Exportmärkte erhielten auch den schwächeren B28A-Vergasermotor mit 129 PS bei 5250 U/min, der auch mit Kraftstoffen mit niedrigerer Oktanzahl betrieben werden kann.

Die letzte Entwicklungsstufe der Sechszylinder-Limousinen und -kombis mit B28-Motor kam mit dem Modelljahr 1983: Eine neue Bezeichnung wurde eingeführt und beide Karosserie-Versionen hießen nun 260.

Der viertürige 260 sollte früh vom Volvo 760 abgelöst werden, der im Februar 1982 seine Premiere feierte. Der Kombi sollte hingegen bis zum Modelljahr 1985 durchhalten, obwohl auch die Baureihe 700 (mit dem 740 als Basis und dem 760 in der Oberklasse) als Kombi angeboten wurde.

Die Sechszylinder fanden ihren Markt hauptsächlich in Nordamerika, wo Volvo ein Händlernetz von annähernd 500 Verkaufs- und Service-Stellen unterhielt. Deshalb sind sie heute besonders einfach auf dem US-Oldtimermarkt zu finden. Ehrlich gesagt, waren die V6-Fahrzeuge der 200er Serie kein Welterfolg. Der 264 verkaufte sich in den ersten Jahren noch gut und überstieg im Modelljahr 1976 etwa 30 Prozent der Verkäufe der Vierzylinder-Modelle. Doch schon im Modelljahr 1982 fielen die Verkaufszahlen ab auf miserable 0,5 Prozent im Vergleich zu den 240ern. Noch schlechter sah es für den 265 aus: Der Kombi kam nie über 15 Prozent der Verkäufe des 245 hinaus. Die besten Modelljahre waren 1976, 1979 und 1980, das schlechteste 1984, als die 260er Kombis nur ein schlappes Prozent der Verkäufe ihres Vierzylinder-Pendants erreichten.

**Ein Kombi 265 GLE für den britischen Markt: Rechtslenker mit seitlichen, hinteren Positionsleuchten.**

**Ein 265 GLE, Modell 1980, mit Fronstpoiler. In zwei Kubikmeter Laderaum passen zwei Go-Karts.**

↗ **Ein 265 GLE für den skandinavischen Markt mit Positionsleuchten.**

Die zweitürige Limousine 262 war eine völlige Katastrophe: Im Modelljahr 1976 wurden in den USA nur 309 Einheiten verkauft (262 E) und im Modelljahr 1977 lediglich 230 Einheiten (262 H). Die Verkaufszahlen stiegen in den Folgejahren deutlich, woran das luxuriösere und leistungsfähigere 262 C Coupé großen Anteil hatte, dessen deutlich unterscheidbares, modisches Blechkleid im italienischen Turin von Bertone, einem der namhaftesten Karosseriebauer der Welt, entworfen worden war.

Warum fiel das Ergebnis für die 260er insgesamt so bescheiden aus? Im Vergleich zum 164 waren der 264 und 265 ihrer Basis (244/245) einfach zu ähnlich. So konnten sie bei den Kunden keine Begeisterungsstürme auslösen. Die 240er hingegen legten eine deutlich bessere Karriere hin, da sie durch die Turbo-Motoren für Freizeit-Fahrer, durch die Diesel-Motoren für Geschäftskunden und durch die Sondermodelle der letzten Baujahre insgesamt deutlich an Attraktivität zulegten, was ihnen zusammen mit den erschwinglichen Preisen einen guten Absatz auf dem Heimatmarkt und im Export bescherte.

↗ **Die erste Generation des 265 DL für den US-Markt, mit doppelten runden Frontscheinwerfern, hinteren Positionsleuchten, schwarzen Kunststoff-Seitenspiegeln und Weißwandreifen.**

# Volvo 264 TE

Von 1976 bis 1979 baute Volvo eine »Stretch-Limousine« mit der Bezeichnung 264 TE (Top Executive) auf der Plattform mit langem Radstand (343 cm), die auch für den 245 Transfer verwendet wurde. Der TE war 70 cm länger als das Basismodell und wurde bei Carrozzeria Bertone im italienischen Grugliasco, einem Stadtteil von Turin gebaut, wo auch die Karosserie des Coupés 262 C entstehen sollte. Die Karosserien für den 264 TE wurden nach Turin geschickt, um dort verlängert, verstärkt und fertiggestellt zu werden.

Er war als Staatskarosse für Politiker und gekrönte Häupter gedacht, darunter auch das schwedische Königshaus. König Carl XVI. Gustaf nutzte einen 264 TE bei Paraden und persönlichen Fahrten.

Konzipiert als Alternative zur Mercedes-Benz S-Klasse oder zum 600 Pullman und beliebt bei den DDR-Behörden, die aus politischen Gründen westdeutsche Fahrzeuge mieden, aber auch wenig Gefallen an Sowjet-Limousinen wie ZIL oder Wolga fanden, bot der 264 TE eine sechs- oder siebensitzige Innenausstattung mit zwei Klappsitzen. Die beiden Passagiere, die auf der luxuriösen hinteren, mit Velours oder Leder gepolsterten Sitzbank Platz nahmen, hatten viel Raum für ihre Beine und Schultern. Der raffinierte Innenraum hatte hölzerne Einsätze in den Türverkleidungen, Leselampen, elektrische Fensterheber, Klimaanlage und ein Soundsystem mit Radio und Kassettenspieler, auf Wunsch sogar ein Autotelefon.

Während seiner Produktionszeit erhielt der 264 TE die gleichen Überarbeitungen wie der 264: umlaufende Rückleuchten-Elemente, einen neu gestalteten Kofferraumdeckel, elektrische Seitenspiegel sowie kleinere Details. Der Motor blieb allerdings unverändert; es handelte sich um den PRV-V6 B27E mit 2664 ccm Hubraum, Kraftstoffeinspritzung und 140 PS.

Die offene Variante des 264 TE zählt zu den seltensten je gebauten Volvos. Der schwedische Karosseriebauer Nillson (Yngve Nilsson Karosseri) baute das Landaulet für die Regierung der ehemaligen DDR. Ein Wagen ist im Museum »Story of Berlin« ausgestellt, während ein zweiter, leicht unterschiedlicher Wagen im Samsung-Verkehrsmuseum in der Nähe von Everland (Yongin-si, Gyeonggi-do) in Südkorea steht.

**Der luxuriöse Siebensitzer 264 TE (Top Executive) mit 3334 cm Radstand war vor allem bei Offiziellen der DDR sehr beliebt.**

Der schwedische Karosseriebauer Nillson baute das Landaulet für die Regierung der ehemaligen DDR.

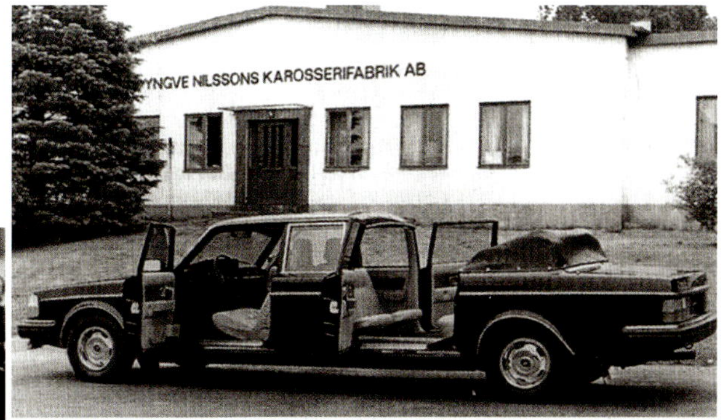

Erich Honecker steigt aus seinem Regierungsfahrzeug, einem 264 TE. Vom 3. Mai 1971 bis zum 18. Mai. Oktober 1989 war er Generalsekretär des Zentralkomitees der (SED).

Das erste Modelljahr des 264 TE: Die Repräsentationslimousine maß stolze 560 cm.

# Volvo 262 DL und die Coupés

Das zweitürige Coupé 262 C wurde im März 1977 auf dem Genfer Automobilsalon enthüllt. Es sollte den P1800 der 1960er Jahre ersetzen, das berühmte Auto aus der TV-Serie »The Saint« mit Roger Moore, sowie den 1973 eingestellten »Schneewittchensarg«, das Shooting Brake P1800 ES. Volvo wollte zwar ein neues sportliches Modell bauen, allerdings sollte es eine stärkere Motorisierung bieten als den 1,8-Liter-Reihenvierzylinder der P1800er.

Doch warum wollte Volvo ausgerechnet Anfang der 1970er Jahre die Nische der Kleinserien-Coupés besetzen? Ein Team amerikanischer Führungskräfte

**Im italienischen Portofino wurde der 262 C präsentiert, designt und gebaut von Bertone (1977 bis 1981).**

**Die luxuriöse Vollleder-Innenausstattung des 262 C. Im Vergleich zum nur in den USA angebotenen 262 DL hat er eine niedrigere Dachlinie und serienmäßige Leichtmetallräder.**

Die erste Überarbeitung des 262 C im Jahr 1980 brachte einen Frontspoiler und abgerundete Rückleuchten.

und Ingenieure, angeführt von Henry Ford II, besuchte Mitte der 1970er das Jahre ein Volvo-Werk in Schweden und brachte einen Continental Mark IV mit. Dieses Auto weckte Interesse sowohl bei den Volvo-Mitarbeitern als auch bei den Einwohnern der Gegend.

Einige Jahre vor dem Genfer Salon 1977 war Jan Wilsgaard, der Vater der 140er und 200er Baureihen, beauftragt worden, ein Luxus-Coupé auf Basis der neuen Plattform zu entwerfen. Ein erster Prototyp wurde von der Carrozzeria Coggiola in Turin auf Basis eines gebrauchten 164 aufgebaut, vesrehen mit der modifizierten Frontpartie des letzten 164 E. Seine wichtigsten Stilmerkmale waren das gekappte Dach, eine stärker geneigte Windschutzscheibe und ein Vinyl-Dach. Diese Optik wurde auf einen weiteren Prototyp auf 264-Basis übertragen. Zwischenzeitlich hatte Volvo mit dem Modelljahr 1976 die Produktion der Baureihe 240/260 aufgenommen, einschließlich der zweitürigen Limousinen 242 und 262 – beide auf der gleichen Plattform und mit ähnlichen Karosserien und großen Türen, aber unterschiedlichen Motoren und Getrieben. Sechszylinder und Vierzylinder blieben anhand der Frontpartie (Kühlergrill, Scheinwerfer) und der Heckleuchten unterscheidbar. Die zweitürigen Sechszylinder-Limousinen (262 DL und GL) hatten wenig Erfolg. Nur 3329 Exemplare wurden verkauft, bevor sie eingestellt wurden. Ihren Platz nahm das luxuriösere und raffiniertere 262 C Coupé ein, das von Bertone entworfen und gebaut wurde.

Der Antriebsstrang, die vordere und hintere Aufhängung, die Bodenwanne und viele der Karosserieteile des 262 C wurden direkt von der viertürigen 264-Limousine übernommen, während Bertone den

BGO 346
VOLVO

↗ 262 C des letzten Modelljahrs mit Kunststoff-Stoßfängern und lackiertem Dach anstelle des schwarzen Vinyl-Daches.

Der 262 C in der Natur: ein Fahrzeug der zweiten Generation mit Frontspoiler und abgerundeten Rückleuchten.

Ein 262 C ganz in Gold mit entsprechend in Wagenfarbe lackiertem Dach.

Windschutzscheiben-Rahmen mit Dach und Säulen sowie die oberen Teile der Türen fertigte. Das Dach des 262 C ist etwa zehn Zentimeter niedriger als das der 260er Limousinen. Dieses Detail gab und gibt dem Auto bis heute seine unverwechselbare Linie mit der stärker geneigten Windschutzscheibe. Eine Cabrio-Version mit der Bezeichnung 262 C Solaire wurde von Solaire Coachworks in Kalifornien im Auftrag von Volvo Cars of North America entworfen und gebaut. Aufgrund von Sicherheitsbedenken entstanden nur fünf Fahrzeuge.

**Der 262 C in seiner typischen US-Ausführung mit doppelten rechteckigen, Sealed-Beam-Scheinwerfern.**

**Nur fünf 262 Solaire wurden in Kalifornien als Cabrio-Grand-Tourer hergestellt.**

Der 262 C war mit dem 2,7-Liter-V6-Motor (PRV) ausgestattet, einer Gemeinschaftsentwicklung von Peugeot, Renault und Volvo. Es war der erste Serien-V-Motor mit einer Lambda-Sonde zur Steuerung des Gemisch-Verhältnisses. Zur Serienausstattung der Fahrzeuge gehörten elektrische Fensterheber und Spiegel, Zentralverriegelung, Tempomat, Klimaanlage, Leichtmetallfelgen, Vollleder-Innenausstattung, beheizbare Vordersitze und ein Hi-Fi-Soundsystem mit elektrisch ausfahrbarer Antenne. Die einzigen Extras waren ein Sperrdifferenzial, eine Auswahl an Autoradios und die kostenfreie Option eines Borg-Warner Dreigang-Automatikgetriebes anstelle des Viergang-Schaltgetriebes mit elektrisch betriebenem Overdrive. Ab 1981 entfiel die optionale Handschaltung in den USA. Dort bekam der 262 C die vier rechteckigen, 165 mm x 100 mm großen Sealed-Beam-Scheinwerfer anstelle der größeren, rechteckigen Einzelscheinwerfer mit Wischern für den europäischen Markt.

Der 262 C war hauptsächlich für den amerikanischen Markt bestimmt. Etwa 75 Prozent der Jahresproduktion wurde in die USA geliefert, wo der 262 C mit dem Cadillac Eldorado und dem Mercedes-Benz 280 CE konkurrierte, die beide in höheren Stückzahlen verkauft wurden. Zwischen 1978 und 1980 wurden 6622 Einheiten des 262 C produziert.

Während seiner kurzen Produktionszeit wurde der 262 C dreimal entscheidend überarbeitet. Im Modelljahr 1979 erhielt er einen geänderten Kofferaumdeckel und umlaufende Heckleuchten (wie die gesamte Baureihe 240/260) sowie einen Frontspoiler mit vier rechteckigen Kühlöffnungen. Fahrzeuge mit Schaltgetriebe erhielten das Schaltgestänge aus dem 242 GT. 1980 wurde die Bohrung des Motors von 88,1 mm auf 91 mm vergrößert, was zu einer Hubraumvergrößerung von 2664 ccm (B27-Motor) auf 2849 ccm (B28-Motor) führte. Auch das Verdichtungsverhältnis wurde von 8,2:1 auf 8,8:1 erhöht. Allerdings waren die B28-Motoren anfällig für Ölprobleme und vorzeitigen Nockenwellenverschleiß. Für den nordamerikanischen Markt leistete der 2,8-Liter-Motor 130 PS.

Die Modelle von 1980 und 1981 erhielten die Bezeichnung Coupé anstelle von 262 C. Diese späten Autos bekamen außerdem größere Bertone-Logos auf den vorderen Kotflügeln. Im Jahr 1981, dem letzten Produktionsjahr, entfiel das Vinyl-Dach und die Gummi-Stoßfänger wurden durch Kunststoff ersetzt. Ein Beispiel für die Coupés der letzten Generation ist das ganz in Rot gehaltene Fahrzeug von Pehr Gyllenhamar, von dem es nur wenige offizielle Volvo-Pressebilder gibt.

**Pehr Gyllenhammars persönlicher 262 C, Modelljahr 1981, vollrot, mit Zusatzscheinwerfern und Virgo-Leichtmetallfelgen.**

Gyllenhammars Kollektion roter Volvos, darunter ein 240 Turbo, ein 262 C und ein 780 Coupé.

Einige Details des 262 C von Gyllenhammar: das Armaturenbrett (mit der elektrisch verstellbarer Lenksäule), die Rücksitzbank und die Vordersitze.

# Volvo 240 – die letzten Modelljahre (1990–1993)

Mit ihren fünf oder sieben Sitzen sind der 245 und der 240 Kombi typische Familienwagen. Hier ein Fahrzeug der letzten Generation mit der größeren Heckscheibe.

Volvo stellte im Juli 1989 die finale Entwicklungsstufe der 240er Baureihe als Modelljahr 1990 vor. Die viertürige Limousine erhielt einen abgerundeten Kofferraumdeckel, während der Kombi mit einer größeren, geklebten Heckscheibe mit längeren Wischer ausgestattet wurde und die Waschdüsen von der rechten Seite der Karosserie in den mittleren, oberen Teil der Kofferraumklappe verlegt wurden. Je nach Ausstattungsvariante gab es Stahl- oder Leichtmetallfelgen. Als Motoren standen 2- oder 2,3-Liter-Benziner sowie der D24-Reihensechszylinder-Diesel zur Verfügung.

Nicht zu vergessen: Die 700er Baureihe war 1982 eingeführt und inzwischen bereits überarbeitet worden, und der Volvo 850 hatte 1991 sein Debüt als Limousine sowie 1993 als Kombi gefeiert. Der 940/960 hatte im Jahr 1990 als Weiterentwicklung die 700er Baureihe abgelöst. Die 240er und vor allem ihre Kombis hatten Anfang der 1990er Jahre also bereits Legenden-Status. Sie schienen alle ihre Erben zu überleben; eine Erfolgsgeschichte, die erst 1993 enden sollte. Die letzten Kombis wurden 1994 verkauft – nach 960.000 gebauten Einheiten, also einem Drittel der gesamten Produktion der 200er Baureihe. Gar nicht so schlecht für ein Modell, das quasi als »Facelift« der 140er Serie begonnen hatte.

Für die meisten Märkte gab es Sondermodelle zum Abschluss der Baureihe 240. Der Polar, ein spartanisch ausgestatteter Kombi, wurde in einigen europäischen Märkten, z. B. Italien (1991), Belgien und den Niederlanden (1992-1993) angeboten und war einfach und erschwinglich. Die italienischen sowie die meisten Benelux-Fahrzeuge hatten den B200F-Motor (anstelle des B230F) mit 116 PS. Bei den GL-Fahrzeugen war die Innenausstattung textilgepolstert.

Da die italienischen Kunden eine raffiniertere Ausstattung wünschten, schuf Volvo Italia den Super Polar, eine gut ausgestattete Variante mit schwarzer Lederpolsterung, elektrischen Fensterhebern, Klimaanlage

Die 240 Polar war ein erfolgreiches, schnörkelloses Sondermodell für den italienischen Markt und einige andere europäische Länder.

Vier elektrische Fensterheber und elektrisch verriegelnde Türen sind Standard beim Super Polar.

Manuelle Fünfgang-Schaltung für den 2-Liter-Vierzylinder-Einspritzmotor.

und Alu-Felgen mit gekreuzten Speichen. Der Super Polar wurde erst 1992/93 und ausschließlich in Italien ausgeliefert, angetrieben vom gleichen B200F-Motor wie der Polar. Es standen drei verschiedene Metallic-Lackierungen zur Wahl. Schwarze Seitenzierleisten ersetzten die verchromten. Der 240 Polar war so erfolgreich, dass Volvo Italia auch für die modernen V50 und V70 eine Einstiegsvariante »Polar« auf den Markt brachte. Nahezu unbekannt ist, dass der 240 Polar bereits 1986 auf den deutschen Markt kam.

**Der 240 Super Polar ist serienmäßig mit Klimaanlage, Leichtmetallfelgen und Metallic-Lackierung ausgestattet.**

**Dank des Polar war der 240er bis zum Ende seiner Tage sehr beliebt. Sein Ladevolumen (2 Kubikmeter) war erstaunlich im Vergleich zum Audi 100 Avant, BMW 5er Touring oder Mercedes-Benz E-Klasse.**

Seitenansicht des 240 Polar, des günstigsten großen Volvo Ende der 1980er Jahre.

Nach dem großen kommerziellen Erfolg des 240 Polar schuf Volvo Italia in den 1990er Jahren den 940 Polar.

Die Bezeichnung SE steht für »Special Equipment« (Sonderausstattung). Der 240 SE war 1991 bis 1993 für mehrere europäische Märkte das abschließende Modell, typischerweise mit GL- oder GLT-Innenausstattung, aber ohne die entsprechenden Leistungs- und Fahrwerks-Modifikationen. Er hatte spezielle Leichtmetallfelgen, einen komplett schwarzen Kühlergrill und Zierleisten. Die Kombis bekamen eine Dachreling.

Interessanter waren die Classic-Modelle mit verschiedenen Ausstattungen für den europäischen und amerikanischen Markt. In den USA waren es die letzten, numerierten Fahrzeuge der 200er Serie, die bis

In einigen Ländern wurde der Grundausstattung des 240 als »Classic« bezeichnet und teilte viele Eigenschaften des Polar. Die Spezifikationen unterschieden sich von Land zu Land. Meist war der Motor ein 2,3-Liter-Vierzylinder mit Kraftstoffeinspritzung.

1993 für den nordamerikanischen Markt gebaut wurden: 800 Limousinen und 800 Kombis. Die Classic 240er hatten Vollausstattung im Innenraum mit Holzverkleidung am Armaturenbrett. Der Classic wurde auch für den Schweizer Markt geliefert und mit dem Motor B230FX ausgestattet. Zusätzlich zur gleichen Ausstattung wie die europäischen Modelle erhielten die 1600 Classic-Fahrzeuge für Nordamerika auch Kühlergrill und Seutenspiegel in Wagenfarbe, spezielle 14-Zoll-Leichtmetallfelgen und ein Schild mit der Produktionsnummer am Armaturenbrett. Es gab Sonderlackierungen – Rubinrot oder Dunkelgrün Metallic.

Die Limited-Modelle waren der Classic-Ausstattung sehr ähnlich, aber nicht numeriert – und hatten entsprechend eine Messingplakette anstelle der Numerierung. Sie wurden erst 1993 ausgeliefert. In Frankreich ersetzte das Sondermodell »Le Break« ab Juli 1990 die GL-Ausstattung.

Der Torslanda (benannt nach dem schwedischen Volvo-Stammwerk) war eine 1992/93 ausschließlich in Europa erhältliche Version, die normalerweise in Großbritannien zu finden ist (als Rechtslenker). Einfach ausgestattet, wurde er ausschließlich als Kombi und mit drei Farboptionen angeboten. Diese Kombis waren an der Torslanda-Plakette, getönten Scheiben, Kunststoff-Außenverkleidungen, 15-Zoll-Leichtmetallrädern im Mehrspeichen-Design und einem durchgehenden Streifenmuster im unteren Bereich der Karosserie zu erkennen. Sie hatten beheizbare Vordersitze und Servolenkung. Der Torslanda wurde außerhalb Schwedens in limitierter Auflage angeboten, um das Auslaufen der Produktion der 240er zu feiern.

Die Family-Edition war das Einstiegsmodell unter den Fahrzeugen, die von 1990 bis 1993 für den deutschen Markt bestimmt waren. Sie hatte eine einfache Innenausstattung mit Textilpolsterung. Die Vordersitze waren serienmäßig nicht beheizt, aber alle Fahrzeuge waren mit Scheinwerfer-Wischern und einer festen schwarzen Dachreling ausgestattet. Es gab ausschließlich Kombis, entweder mit Benzinmotor B230F oder Dieselmotor D24.

Der Tack war ein Sondermodell für den japanischen Markt in den Jahren 1992/93, um dort die Serie 240 als Limousine und Kombi auslaufen zu lassen.

Der Torslanda war eine limitierte Auflage, die in Großbritannien vertrieben wurde und im Wesentlichen vom italienischen SuperPolar inspiriert war, einschließlich der Leichtmetallfelgen, beheizbaren Vordersitze und Seitenstreifen.

Stark und silbern: Der 240 Torslanda ließ die Briten ihre »Bricks« bis zum letzten Tag der Produktion lieben.

Fast schon ein SUV: Dank der großen Bodenfreiheit kann der 240 auch auf Schotterstraßen und bei hohem Neuschnee problemlos gefahren werden.

»Tack« bedeutet »danke« auf Schwedisch. Der Tack hatte Trikot-Plüsch-Polsterung im Innenraum, und es gab fünf Lackierungen. Alle Fahrzeuge erhielten den B230F- Motor. Gleichzeitig wurde eine gehobenere limitierte Auflage mit der Bezeichnung »Classic« für beide Karosserievarianten angeboten. Die gleichen fünf Lackierungen wie beim Tack waren erhältlich, jedoch in Verbindung mit schwarzer Lederpolsterung, Holzverkleidung auf dem Armaturenbrett und Corona-Leichtmetallfelgen.

Am Ende seiner Geschichte wurde der 240 Kombi als Einzelstück mit kurzem Radstand gebaut – ein Scherz, um sich bei dem Fahrzeug und seinen Machern zu bedanken, die die Volvo-Geschichte entscheidend geprägt hatten.

Da Italien einer der wichtigsten Exportmärkte für die 240er Kombis war, wurde als allerletztes Fahrzeug (14. Mai 1993) ein blauer Kombi nach italienischer Spezifikation mit der Bezeichnung »Polar Italia« hergestellt, der heute im Volvo-Museum ausgestellt ist. Doch so ganz stimmt das nicht: Tatsächlich war der allerletzte 240er, der gebaut wurde, eine Version mit kurzem Radstand, die nur zum Spaß gebaut wurde. Dieser kurze und seltsame 240er, der einem Shooting-Brake ähnelt, war ein Dankeschön für die Bemühungen der gesamten 240er-Mannschaft.

# Volvo 240 Turbo – Die fliegenden Ziegelsteine

Anders Olofsson am Steuer des Volvo 240 Turbo beim Sechs-Stunden-Rennen am Nürburgring 1985. (Foto: Lothar Spurzem, CC BY-SA 2.0 de)

Trotz seines nicht gerade sportlichen Auftretens erwies sich der Volvo 240 in den 1980er Jahren als erfolgreicher Rennwagen im Tourenwagensport und verdiente sich den Spitznamen »Flying Brick«, also »Fliegender Ziegelstein«. Am 27. Mai 1984 debütierte der Volvo 240 Turbo als Gaststarter bei der deutschen Produktionswagen-Meisterschaft (dem Vorläufer der DTM). Auf dem Flugplatzkurs in Mainz-Finthen sicherte sich der Schwede Per Stureson den Sieg. (1985 sollte Stureson mit einem Volvo 240 Turbo die deutsche Meisterschaft gewinnen.) In der Tourenwagen-Europameisterschaft ETC gewannen 1984 die Schweden Ulf Granberg und Robert L. Kvist im Volvo 240 Turbo den Meisterschafts-Lauf im belgischen Zolder.

Obwohl dem großen Auto die Wendigkeit einiger Konkurrenten fehlte, war es schnell auf der Geraden und erwies sich als zuverlässig. Neben Zylinderköpfen aus Aluminium, geschmiedeten Kolben sowie verbundenen Pleueln und Kurbelwellen hatten die Motoren ein Bosch K-Jetronic Einspritzsystem und einen Garrett Turbolader mit bis zu 1,5 bar Ladedruck. Die Leistung der B21-Motoren betrug in der letzten Ausbaustufe rund 350 PS. Damit waren die zur Kühlung der Auslassventile mit einer zusätzlichen Wassereinspritzung ausgestatteten »fliegenden Ziegelsteine« bis zu 260 km/h schnell.

Volvo Motor Sport setzte die Fahrzeuge nicht selbst ein, sondern verpflichtete und unterstützte etablierte Teams. Eggenberger Motorsport war das erfolgreichste unter ihnen. 1985 verpflichtete Volvo den Schweizer Motorenbauer Ruedi Eggenberger. Mit den Fahrern Gianfranco Brancatelli und Thomas Lindström holte er 1985 den Sieg in der ETC. 1986 wechselte Eggenberger zu Ford, und das belgische RAS Sport Team übernahm den Staffelstab als inoffizielles Volvo-Werksteam. Dem Titelverteidiger Lindström schlossen sich der ehemalige Formel-1- und Motorrad-Grand-Prix-Fahrer Johnny Cecotto sowie Ulf Granberg und Anders Olofsson im zweiten Auto an. Nach einer erfolgreichen Saison kam es zum Eklat: Zwei wegen Reglement-Verletzungen aberkannte Siege kosteten Volvo und Lindström den erneuten Titel. Die Schweden zogen sich daher Ende 1986 offiziell aus der ETC zurück, doch die 240 Turbos blieben in Privathand noch bis 1988 in Aktion.

## Gianfranco Brancatelli

Gianfranco Brancatelli wurde am 18. Januar 1950 in Turin geboren und fuhr bis 1991 Rennen. Seine Karriere begann 1973 in der Formel-Abarth. Im Jahr 1975 stieg er in den italienischen Formel-3-Rennsport auf. 1979 trat er zu drei Grands Prix in der Formel 1 an, zweimal für das Team Kauhsen (in Spanien und Belgien), einmal für das Team Merzario (in Monaco), erreichte aber keine Qualifikation für eine Renn-Teilnahme.

In der Tourenwagen-Europameisterschaft 1984 belegte er mit einem BMW 635 CSi für Eggenberger Motorsport den vierten Platz. Für die ETC 1985 wechselte das Team auf Volvo 240 Turbo. Zusammen mit dem schwedischen Fahrer Thomas Lindström wurde Brancatelli Tourenwagen-Europameister und gewann sechs von vierzehn Rennen (Anderstorp, Zeltweg, Salzburgring, Nürburgring, Zolder und Estoril) sowie drei zweite und zwei dritte Plätze. 1986 wechselte Brancatelli zu Tom Walkinshaw Racing und fuhr einen Rover Vitesse, fiel aber in der Gesamtwertung auf Rang 12 zurück. 1987 wechselte er erneut das Team und fuhr einen BMW M3 für das italienische Team CiBiemme Sport in der Tourenwagen-Weltmeisterschaft; in diesem Jahr gewann er mit Johnny Cecotto die 500-km-Rennen in Dijon-Prenois. In der ETC 1988 kehrte Brancatelli zurück zu Eggenberger Motorsport, wo er im dritten Texaco Ford Sierra RS500 des Teams in mehreren Runden als Fahrer eingesetzt wurde. Brancatelli gewann außerdem die italienische Tourenwagen-Meisterschaft 1988 mit einem privat eingesetzten Alfa Romeo 75.

Abgesehen von seinem Erfolg in der ETC 1985 waren Brancatellis größte Siege im Tourenwagensport das Guia-Rennen von Macau 1985 mit einem Volvo 240T und das 24-Stunden-Rennen von Spa 1989 mit einem Eggenberger Ford Sierra RS500 zusammen mit Bernd Schneider und Win Percy. Brancatelli fuhr außerdem fünf Mal bei den 24 Stunden von Le Mans. Seine beste Platzierung war der zweite Platz in der Gesamtwertung von 1989 auf einem Sauber C9 für das Team Sauber Mercedes. Er fuhr zusammen mit den Ex-Formel-1-Piloten Mauro Baldi und Kenny Acheson. Bei seinen vier weiteren Rennen in Le Mans (1979, 1980, 1986 und 1990) fiel er jeweils vor Rennende aus.

Gianfranco Brancatelli (links) und Thomas Lindström, die Tourenwagen-Europameister 1985 mit ihrem Volvo 240 Turbo.

***Wie kam es zu Ihrem großen Erfolg mit dem Volvo 240T in der Tourenwagen-Europameisterschaft 1985 beim Team Eggeberger?***

Ruedi Eggenberger hatte mich 1984 für die ETC mit dem BMW 635 CSi Gruppe A verpflichtet, und wir beide beschlossen, unsere Zusammenarbeit in der folgenden Saison mit dem Volvo 240 Turbo fortzusetzen. Am Steuer des Volvo fühlte ich mich auf Anhieb sehr wohl. Ich habe turboaufgeladene Autos immer geliebt.

***Was war ihr Trick, um auf den Hochgeschwindigkeits-Rennstrecken wie Monza oder Spa so schnell zu sein?***

Da unterschied sich der Volvo 240 Turbo nicht so sehr von anderen Tourenwagen: Seine Aerodynamik war nicht besonders ausgefeilt, also musste man ihn durch die Kurven driften lassen und versuchen, in den Schikanen nicht zu viel Zeit zu verlieren.

***Was waren die Plus- und Minuspunkte des Wagens?***

Das größte Plus war die Beschleunigung aufgrund des großen Drehmoments, das der Turbomotor liefert; und das musste man so gut wie möglich umsetzen. Das Minus war die Aerodynamik.

***Was sagten Ihre Fahrerkollegen zu Beginn der Saison 1985 – und an deren Ende?***

Die meisten von ihnen waren perplex, denn ein Rennvolvo war etwas Seltsames. Aber sie mussten ihre Meinung sehr bald ändern, insbesondere Tom Walkinshaw, der nicht damit gerechnet hatte, dass sein Rover SD1 Vitesse von unserem 240 Turbo geschlagen werden würde.

***Wie haben Sie diese Siege in Erinnerung? Wie wichtig waren sie nach Ihrer kurzen Formel-1-Karriere?***

Für mich war es der Beginn eines neuen Lebens im Motorsport nach meinem Entschluss, den Formel-1-Zirkus zu verlassen. Tatsächlich war ich mit den Tourenwagen sehr erfolgreich, sowohl in der ETC, die ich mit dem Volvo gewann, als auch in der italienischen Meisterschaft, die ich mit dem Alfa Romeo 75 gewann.

***Gleich beim ersten Rennen mit dem Volvo in Monza 1985 sind Sie vorzeitig ausgeschieden. Was ging Ihnen danach durch den Kopf?***

Nichts Besonderes. Wir waren seit den ersten Runden sehr, sehr schnell und konkurrenzfähig, und das war das Wichtigste.

***Sie haben in der Saison 1985 sechs Rennen gewonnen (Anderstorp, Zeltweg, Salzburg, Nürburgring, Zolder, Estoril). Welcher Sieg war der schwerste und welcher der leichteste?***

Das schwierigste Rennen war mit Sicherheit das in Zeltweg, wo der Rover SD1 Vitesse von Tom Walkinshaw sehr schnell war. Ich musste alle Tricks ausprobieren und ihn zu einem Fehler zwingen, wodurch er das Rennen verlor. Und der leichteste? Kein Sieg ist leicht!

***Haben Sie sich während der Saison 1985 auch um die Entwicklung des Autos gekümmert, oder war es Ihre Aufgabe, auf die Strecke zu gehen und zu gewinnen?***

Die meisten Tests wurden von Lindström durchgeführt, einem schnellen Fahrer, einem großartigen Techniker, einem guten deutschsprachigen Mann, der sich gut mit Ruedi Eggenberger verständigen konnte. Ich bin einfach zu den Rennen an die Strecken gekommen und habe meinen Job gemacht.

***Das Duo Brancatelli-Lindström wurde während der ganzen Saison 1985 nicht verändert. Manche Teams wechseln noch beim letzten Rennen den Fahrer, damit nur einer den Titel holt. Warum war das bei Ihnen anders?***

Für die ETC 1985 wechselte das Team Eggenberger von BMW 635 CSi auf Volvo 240 Turbo.

Brancatelli gewann sechs von vierzehn Rennen der Saison 1985. Er teilte sich die Meisterschaft mit seinem Teamkollegen Thomas Lindström.

Unser Team war durch eine gegenseitige Absprache entstanden: Volvo wählte seinen Fahrer, den Schweden Thomas Lindström, und Eggenberger wählte mich. So blieben wir die ganze Saison über zusammen und teilten uns auch den Titel.

***Der Volvo 240 Turbo Gruppe A soll auf der Rennstrecke von Brünn über 260 km/h erreicht haben. Hat das Team etwas am Wagen verändert, oder war der Volvo auf der tschechischen Strecke einfach so effektiv?***

Die Rennstrecke von Brünn war ultraschnell, aber nur, wenn man so mutig war, in der Schikane voll auf dem Gas zu bleiben. Ehrlich gesagt erinnere ich mich nicht daran, ob für dieses Rennen ein spezieller Motor zum Einsatz kam.

***Und wie sind Sie in Spa-Francorchamps zurechtgekommen, der wohl anspruchsvollsten Strecke der Saison?***

Der Volvo 240 Turbo war sehr gut ausbalanciert, was ihn in den schnellsten Abschnitten der Rennstrecke so effektiv machte.

***Hatten Sie in der Saison 1985 auch einen Volvo 240 Turbo als Dienstwagen?***

Nein, ich hatte bereits einen BMW von Eggenberger aus der Vorsaison und fuhr ihn auch in der Saison 1985.

***Warum haben Sie sich nach Ihrer erfolgreichen Saison 1985 mit Volvo entschieden, im Jahr 1986 für TWR zu fahren?***

Nach dem Sieg in der ETC 1985 war mein größter Wunsch, in der Gruppe C-Sportwagen-Weltmeisterschaft anzutreten. Also nahm ich das Angebot von Tom Walkinshaw an, dem TWR-Team beizutreten, das von Jaguar für das Comeback bei den Langstreckenrennen verpflichtet wurde. Mit dem Jaguar XJR6 fuhr ich das 24-Stunden-Rennen von Le Mans, das mit einem vorzeitigen Ausfall endete. Das ist der einzige Grund, warum ich Volvo verlassen habe. Den Rover SD1 Vitesse fuhr ich fast die gesamte ETC-Saison 1986 über und gewann das Rennen in Anderstorp.

# Alberto »Johnny« Cecotto

Alberto »Johnny« Cecotto, geboren am 25. Januar 1956 in Venezuela, wurde als professioneller Motorrad-Grand-Prix- und Autorennfahrer bekannt. 1975 wurde er im Alter von nur 19 Jahren der jüngste Motorrad-Weltmeister. Trotz des vielversprechenden Beginns seiner Zweirad-Karriere beeinträchtigten zahlreiche Verletzungen und technische Probleme seinen Erfolg im Motorradrennsport. Im Alter von 24 Jahren wandte sich Cecotto den Monoposto-Sportwagen zu und erreichte 1983 als Formel-1-Pilot die Spitze des Sports, nachdem er 1982 in einem March 822 den zweiten Platz der Formel-2-Meisterschaft belegt hatte.

In der Formel-1-Meisterschaft holte er nur einen Punkt und erreichte beim USA West Grand Prix den 6. Platz mit einem Theodore-Ford TY01. 1984 fuhr einen Turbo von Toleman-Hart, allerdings ohne größere Erfolge. Später wurde er ein erfolgreicher Tourenwagen-Rennfahrer. Mit dem Volvo 240 Turbo erreichte er Rang 8 der Tourenwagen-Europameisterschaft 1986. 1990 wurde er DTM-Zweiter am Steuer eines BMW M3. Er ist der letzte einer erlesenen Gruppe von Fahrern, die auf höchstem Niveau im Motorrad- und Autorennsport antraten, darunter John Surtees und Mike Hailwood.

***Wie kam es zu Ihrem Engagement für Volvo in der Tourenwagen-Europameisterschaft 1986?***

Im Juni 1985 kam ich nach einem schweren Unfall bei einem Formel-1-Rennen, bei dem ich schwer verletzt worden war, wieder in den Motorsport zurück. Ich fuhr bei einigen Veranstaltungen der Tourenwagen-Europameisterschaft mit dem von Schnitzer getunten Werks-BMW 635 Csi. Nach den Sommerferien strebte ich die Vertragsverlängerung mit BMW an, als ein Top-Manager von Volvo Motorsport mich bat, die nächste ETC mit dem 240 Turbo zu fahren. Ich wurde nach Göteborg eingeladen, und alle waren wirklich versessen darauf, mich im Team zu haben. Ich versuchte noch am selben Tag, Peter Flohr, den Chef von BMW Motorsport, zu kontaktieren, aber ich konnte ihn nicht erreichen. (In jenen Jahren waren Mobiltelefone nicht so üblich.) Also musste ich ihm eine Nachricht schicken: Ich hörte auf, für BMW zu fahren.

Dieses Bild von Alberto »Johnny« Cecotto stammt aus der Saison 1984 beim Formel-1-Rennstall Toleman-Hart. (Foto: Renault)

***Wie haben Sie den 240 Turbo nach Ihrer Erfahrung mit dem BMW 635 Csi empfunden? Was waren seine Stärken und Schwächen?***

Mir ist sofort der Turbomotor aufgefallen: so kraftvoll, so viel Schub. Die Beschleunigung war überraschend – wunderbar, wirklich aufregend. Ich war mir nicht ganz sicher wegen der Aerodynamik, der Aufhängungen und der Fahrwerksabstimmung, die ich als zu weich für die Rennstrecke empfand. Bei der starken Rollneigung in den Kurven musste ich meinen Fahrstil den Vorgaben des Autos anpassen. Erschwerend kam hinzu, dass mein Teamkollege Thomas Lindström weiche Autos liebte und ich nicht. Deshalb bildete ich während der Saison ein Team mit Anders Olofsson, dessen Fahrstil dem meinen näher kam. Wir kamen beide aus dem Formel-Sport.

Ich habe den 240 Turbo in Monza vor der Saison getestet. Ich liebe Testfahrten, passe den Wagen an meinem Fahrstil an und gebe der Crew und den Mechanikern die Richtung vor, um das Auto zu verbessern.

***Auf welchen Rennstrecken konnte der Volvo die beste Leistung abrufen?***

Meistens waren es die Rennstrecken, auf denen die Beschleunigung und der Schub des Turbos am besten genutzt werden konnten, wie Monza und Brünn, und die mittelschnellen Rennstrecken, auf denen hart gebremst wird. Der Volvo hatte in langsamen Kurven Schwierigkeiten, aber man konnte mit ihm sehr gut über die Randsteine räubern.

***Wer war Ihr Lieblingsteamkollege in dieser Saison?***

Ich fühlte mich mit Anders Olofsson besser, da wir viele Gemeinsamkeiten hatten, die auf den Formel-Rennsport zurückgehen. Mit ihm habe ich die Fuji 500 in Japan gewonnen.

***Hat Ihnen die Formel-1-Erfahrung geholfen?***

Überhaupt nicht. Sagen wir einfach, in so kurzer Folge in der Formel-1 und Tourenwagen- Europameisterschaft zu fahren, hat mich vielleicht anpassungsfähiger gemacht. Wirklich viel gelernt habe ich vom Motorradfahren, was die Sensibilität beim Fahren angeht.

***Hatten Sie 1986 auch einen Volvo 240 Turbo als Firmenwagen?***

Nein, ich hatte ein 780 Turbo Coupé und ich liebte es so sehr. Es war so elegant im italienischen Bertone-Design, stilvoll, schnell, komfortabel – und perfekt für lange Fahrten.

***Wie haben Sie sich gefühlt, als Sie bei RAS Sport fuhren? Haben Sie noch Kontakt zum Team?***

Ich habe mich perfekt mit Henri Lotterer verstanden, dem Teammanager und Vater von André, dem 24-Stunden-Rennsieger von Le Mans mit Audi. Ich habe niemanden aus dem Team später gesucht, aber einige Mechaniker wiedergetroffen, die in der Motorsportwelt herumkommen.

***Waren Sie am Ende der Saison 1986 eher zufrieden oder deprimiert?***

Es hat Spaß gemacht. Wir haben gute Ergebnisse erzielt, auch bei den außereuropäischen Rennen wie Fuji und Macau. Aber diese Meisterschaft war zu schwierig, um zu gewinnen. Tom Walkinshaw konnte mit seinen Rover Vitesse die Grenzen des Reglements ausloten. Wir waren schnell, aber sie waren schneller, wenn sie Punkte holen mussten. Und wir hatten einige technische Probleme.

***Wie war der Volvo 240 Turbo Gruppe A im Vergleich mit dem BMW M3 und dem Mercedes-Benz 190 E 2.3 16, die Sie später in der WTC und in der DTM fuhren?***

Die Regeln ändern sich fast jedes Jahr, und die Autos müssen angepasst werden. Der M3 war ein neues Konzept, ein Straßenauto, das zum Rennwagen geboren war, mit einer knackigen Fahrwerksabstimmung. Es war 1987 ganz unmöglich, ihn zu schlagen. Ich habe immer versucht, die Abstimmung anzupassen, um maximalen Fahrspaß zu genießen und die besten Leistungen zu erzielen.

Das Team Cecotto-Olofsson mit ihrem RAS-Volvo 240 Turbo bei der RAC Tourist Trophy in Silverstone 1986.

## Per Stureson

Per Stureson, geboren am 22. März 1948 in Hanaskog (einem kleinen Dorf, 20 km nördlich von Kristianstad in Südschweden), gewann die Deutsche Produktionswagen-Meisterschaft (DPM, später DTM) im Jahr 1985. Er erreichte dieses Ergebnis am Ende seiner ersten vollen Saison in der Serie, nachdem er 1984 bereits sein erstes Rennen auf der Flugplatz-Rennstrecke Mainz-Finthen gewonnen hatte – bei seinem Debüt mit dem Volvo 240 Turbo.

Seine Karriere als Fahrer begann 1980, als er in seinem ersten Rennen mit einem Simca 1000 Rallye 3 auf dem Nürburgring antrat, und endete 1988. Mit seinem Geschäftspartner Ingemar Persson, ebenfalls ein schwedischer Rennfahrer, gründete er sein eigenes Rennteam, IPS Motorsport. Sie bauten zwei Volvo 240 Turbos der Gruppe A, einen 1983 und einen 1985, mit denen sie an den Langstreckenrennen der Europäischen Tourenwagen-Meisterschaft teilnahmen. In der DTM erzielte Stureson mit dem »Fliegenden Ziegelstein« zwei Siege, zwei schnellste Runden, drei Pole-Positions und 10 Podiumsplätze, während seine letzte Saison in einem Mercedes-Benz 190 E 2.3 16 erfolglos verlief und er im Endklassement nur Platz 24 belegte.

***Wann wurden Sie auf Volvo im Motorsport aufmerksam?***

In den 1960er Jahren, als Volvo mit dem PV544 die Safari-Rallye in Afrika und einige europäische Rallyes gewann und bei Rundstreckenrennen mit dem Amazonas gut abschnitt.

***Und wann wurden Sie angesprochen, in der deutschen Meisterschaft mit dem 240 Turbo zu fahren?***

Volvo Deutschland hat meinen Renn- und Geschäftspartner Ingemar Persson und mich bei unseren Einsätzen in Deutschland sehr unterstützt und sich für uns eingesetzt. Sie haben uns gesagt, dass es in Deutschland einfacher sein sollte, Sponsoren zu finden, und so war es. Wir bauten unser Rennteam auf, IPS Motorsport, mit Sitz in Engelholm, und begannen unsere Karriere als semi-professionelle Rennfahrer, während wir weiter unserer Arbeit nachgingen. Ich bin selbständig als Maler.

Der Schwede Per Stureson konnte es selbst kaum glauben, als er die deutschen Profi-Rennfahrer in der DTM mit seinem Volvo 240 Turbo das Fürchten lehrte.

***Wie organisierten Sie die Rennwochenenden?***

Wir reisten von Südschweden nach Deutschland in unserem Wohnmobil und dem Volvo 240 Turbo auf dem Hänger. Wir fuhren am Donnerstagabend zuhause los und am Sonntagabend zurück – nach dem Ende des Rennens und manchmal auch erst nach der Siegerehrung. Es war nicht allzu anstrengend, da wir zu viert im Bus waren, und uns beim Fahren und Schlafen abwechselten. Dort schliefen wir auch während der Rennwochenenden.

***Wie lange fuhren Sie in Deutschland und in Europa Rennen für Volvo?***

Den ersten Volvo haben wir 1983 gebaut und am Ende der Saison 1984 verkauft. Mit dem zweiten fuhr ich ab 1985, als ich die deutsche Meisterschaft gewann, bis 1987. Wunderbare Jahre mit dem »Renn-Ziegel«! Ich habe einen großartigen Rekord erzielt, 25 Rennen in Folge ohne jeden Unfall, ohne technische Probleme im Rennen sowie in den Trainings und Qualifyings.

***Woran erinnern Sie sich noch aus dieser Zeit?***

Es war eine Zeit, in der viele Werksteams und ihre Fahrer noch zu schlagen waren. Natürlich waren die Deutschen bei der DTM nicht gerade unsere Fans; und für mich als schwedischer Fahrer war es ein wenig ungewöhnlich, die Einheimischen in ihrer Meisterschaft zu schlagen – und das gleich in meiner ersten vollen Saison 1985.

Die Leute bei Volvo Deutschland waren fantastisch. Sie haben uns geholfen, neue Sponsoren für die Saison 1986 zu finden. Und sie haben eine tolle Party für den Sieg in der Meisterschaft organisiert! Auch Volvo Motor Sport unterstützte uns bei der Entwicklung des Autos: Wir gehörten zu den ersten Teams, die die Evolution-Bauteile bekamen.

***Welche Erwartungen hatten Sie vor den ersten Tests mit dem 240 Turbo?***

Es gab keine Tests und keine Erwartungen. Der Wagen wurde in der Nacht vor dem ersten Rennen fertig. Wir hatten Probleme bei diesem Rennen in Monza 1983 und waren gezwungen, es vorzeitig zu beenden. Aber das Auto war gut und wurde in kurzer Zeit konkurrenzfähig. Natürlich war ich sehr überrascht, als ich 1984 mein erstes DTM-Rennen gewann. Ich schlug erfahrene deutsche Profi-Rennfahrer und deutsche Autos!

***Wie stellten Sie es an, das Maximum aus dem Volvo herauszukitzeln? Wie fuhr er sich?***

Der Volvo war sehr schnell auf den Geraden und in der Beschleunigung. Beim Bremsen war er fast unschlagbar. Aber in den langsamen Kurven war er nicht so agil, vor allem am Ende der DTM-Saison 1985, als ich aufgrund der Performance-Gewichte 85 Kilogramm zu schwer unterwegs war. In scharfen Kurven hatte ich mit wechselndem Unter- und Übersteuern zu kämpfen. Der Lärm im Cockpit nahm nicht Überhand und selbst im Sommer war die Temperatur angenehm, nie zu heiß.

**Wo es darum ging, fest aufs Gas oder auf die Bremse zu drücken, war der Volvo 240 Turbo besonders konkurrenzfähig.**

***Auf welchen Rennstrecken war der Volvo 240 Turbo Gruppe A am stärksten?***

Ich liebte Zolder mit seinen Kurven und seinen Höhen und Tiefen. In Skandinavien mochte ich die dänische Knutstorp-Rennstrecke, die Zolder ähnelt, aber kürzer ist. Aber vor allem liebte ich Flugplatz-Rennstrecken wie Mainz-Finthen in Deutschland, und als Stadt-Kurs den Norisring in Nürnberg. Sicherlich war der 240 Turbo überall dort besser, wo seine Höchstgeschwindigkeit, häufiges Beschleunigen und Bremsen von Vorteil sein konnten.

***Hatten Sie je den Wunsch, eine volle Saison in der ETC oder WTC mit dem Volvo 240 Turbo zu fahren?***

Ehrlich gesagt, nein. Wir ließen uns von Volvo Deutschland ja schon zu den DTM-Rennen »überreden«. Und dann geschah alles wie in einem Traum. Vor allem, weil ich bei meinem ersten Rennen mit dem Volvo in der DTM 1984 auf der Strecke Mainz-Finthen mit 35 Sekunden Vorsprung auf den BMW 635 Csi von Harald Grohs, der Zweiter wurde, gewonnen habe. Und im zweiten Rennen, auf dem Norisring, startete ich von der Pole-Position, die ich mit der schnellsten Zeit im Qualifying erreicht hatte.

***Hatten Sie in dieser Zeit auch abseits der Rennstrecke einen Volvo Turbo?***

Ja, mein Alltagsauto war ein 240 Turbo Kombi. Er war weiß, und ich habe den Motor getunt, um zusätzliche PS herauszuholen. Er war sehr komfortabel und zuverlässig, aber ich nutzte ihn hauptsächlich für meine Arbeit, um Kunden zu besuchen. An den Rennwochenenden fuhr ich ja meistens mit unserem Wohnmobil.

***Wie empfindlich reagierte der Renn-Volvo auf kleine Änderungen der Abstimmung von Fahrwerk oder Motor?***

Damals gab es keine Datenerfassung, also lag alles in den Händen des Fahrers und seiner Sensibilität. Wir konnten die Position des Heckflügels (den Neigungswinkel), den Sturz und den Nachlauf der Räder und den Reifendruck ändern sowie – während der Tests und vom Cockpit aus – den Ladedruck des Turbos und die Einspritzung einstellen, um je nach Abgastemperatur das Gemisch verändern und die maximale Leistung erzielen zu können.

***Haben Sie Ihr Auto bis 1987 kontinuierlich weiterentwickelt?***

Wir haben den 240 Turbo Schritt für Schritt mit den Originalteilen von Volvo Motor Sport und mit unserer Arbeit weiterentwickelt. Auch 1987 bekamen wir sehr viel Unterstützung und die neuesten Teile von Volvo Motor Sport sowie die bestmöglichen Reifen von Michelin. Aber der BMW M3 und der Mercedes-Benz 190 E 2.3 16 waren nahezu unschlagbar. In meinem letzten Rennen mit einem Volvo in der DTM wurde ich Fünfter und erreichte Rang 6 in der Meisterschaft. Das große Abenteuer ging zu Ende.

**Besonders stolz war Per Stureson, dass er mit seinem Volvo 240 Turbo den starken BMWs davonfahren konnte.**

↗ Alle großen Erfolge in Puresons Rennfahrer-Karriere (1980 bis 88) erzielte er im Volvo 240 Turbo. 1985 wurde er Deutscher Tourenwagen-Meister.

↗ In langsamen Kurven hatte Per Stureson mit seinem Volvo manchmal ganz schön zu kämpfen.

# Epilog: Der Autor und sein Volvo 245 DL

Alte Liebe rostet nicht: Wenn er auch nicht fahrtüchtig ist, hat der Volvo 245 DL des Autors zumindest keine Rostlöcher.

Einer der seltensten Volvo 245 ist das Modell in der DL-Ausstattung für die nordeuropäischen Märkte. Der Kombi hat die quadratischen Scheinwerfer (anstelle der runden, die in Skandinavien und Großbritannien zur L- und im übrigen Europa zur DL-Ausstattung gehörten) sowie die hinteren seitlichen Leuchten der US-Modelle. Noch schwieriger ist es, ein solches Fahrzeug in Verbindung mit einer Dreigang-Automatik zu finden, wie bei diesem Volvo 245 des Modelljahrs 1979. Das auf diesen Seiten gezeigte Auto gehört mir, ist aber nicht mein erster 245 DL.

Als ich in Mailand Wirtschaftswissenschaften studierte, waren die Volvo-Kombis so beliebt, dass ich anfing, diese »Ziegelstein«-Autos gegenüber den Golf GTIs oder Fiat Uno Turbos meiner Freunde zu bevorzugen, ja, sogar zu lieben. Der 240er war ausgefallen und als Gebrauchtwagen auch nicht so teuer. Ich übte mit dem 245 Lieferwagen eines Freundes, ein derart langes Auto zu fahren, und lernte dabei den kleinen Wendekreis des Volvo zu schätzen, der vor allem in Innenstädten und auf Bergstraßen fantastisch ist. Auch die Eltern meiner Freundinnen mochten den Wagen, steht so ein Schweden-Kombi doch für Sicherheit, nicht nur im Straßenverkehr. Ein junger Mann mit einem solchen Auto, hat ernste Absichten: eine Familie gründen, Kinder großziehen und einen Hund anschaffen.

Also suchte ich einen gebrauchten 245 und kaufte einen weißen Siebensitzer 245 DL (Schaltgetriebe, Baujahr 1978) von einem Volvo-Händler für 3,5 Millionen Lire (heute etwa 2000 Euro), den ich von 1989 bis 1993 fuhr, als ich meine Karriere als Automobiljournalist begann. Im Jahr 2008 wurde mein 245 DL dann leider von seinem Abstellplatz aus einer Garage in Mailand gestohlen. Doch als ich eines schönen Tages auf Geschäftsreise in Malmö viele

»Ziegelsteine« auf den Straßen sah, beschloss ich, mir wieder einen zuzulegen.

Meinen aktuellen 245 DL, um auf ihn zurückzukommen, habe ich im November 2011 von einer norwegischen Familie im Internet erstanden – für 2.200 Euro plus Zollgebühren. Die Familie hatte entschieden, ihn zu verkaufen: Ihr Alltagsauto war inzwischen ein Ford Mondeo Kombi, und der alte Volvo mit seinen annähernd 300.000 Kilometern konnte diese Rolle nicht mehr ausfüllen. Der hellblaue »Ziegelstein« war seinerzeit in Schweden an seinen Erstbesitzer geliefert und später nach Norwegen verkauft worden. Zur Wartung kehrte er aber üblicherweise nach Schweden zurück, weil dort die Werkstattpreise niedriger sind als in der Nähe von Oslo.

Der Kaufvertrag wurde am 11. November 2011 unterzeichnet, und mein Freund, Giovanni Piga von der italienischen Logistikfirma Trasportauto, organisierte die Lieferung von Oslo an meinen neuen Wohnort in der Schweiz. So kehrte nach vielen Jahren wieder ein »Ziegelstein« in mein Leben zurück. Noch hatte ich leider nicht die Zeit, ihn wieder flott zu machen. Von Rost ist das gute Stück zum Glück verschont geblieben. Und auch wenn er kein Turbo oder ein Sechszylinder ist, die vielen als interessanter gelten: Er ist und bleibt meine erste Liebe, und die darf nicht fehlen.

Im Jahr der Anschaffung 2011: Alessandro Rigatto heißt sein neu erworbenes Lieblingsstück in der Schweiz willkommen.

Wozu sind schließlich Freunde da? Ein befreundeter Logistik-Unternehmer half dem alten Volvo, die Schweiz zu erreichen.

# VOLVO Turbo